JN065249

電車だけが鉄道車両ではない

ディーゼル車のツブヤキ

原　正　著

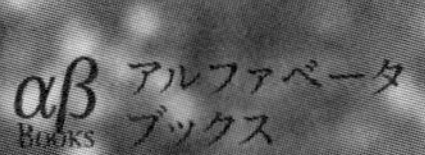

石北本線（2023年5月撮影）

目次

はじめに——きしゃと電車

都会に住む人々は、鉄道車両のことを「電車」という。都会で動いている鉄道車両の多くは電気で動いている。これに対し、田舎の古老は、「きしゃ」という。街の人達が「きしゃ」というのは、観光用で運転されているモクモクと煙を吐いて走る蒸気機関車のことをいう。

田舎の古老がいう「きしゃ」というのは、実は、都会の方々が「電車」というのと同じ感覚であろう。

電気で動いているから「電車」なのだが、鉄道車両の中には、実は、電気で動いていないものもある。道路を走る自動車と同じようにエンジンを積んで、その動力で動いている鉄道車両がある。

田舎の古老が「きしゃ」という通り、電気で動いていない鉄道車両は、自然豊かで、景色の良い田舎を走っていることが多い。坂道にかかればエンジンが唸りを上げる。盛大に煙を噴かないまでも、まさしく「きしゃ」そのもの、映画に出てくるような蒸気機関車のようである。

筆者は、鉄道車両のディーゼル機関、流体変速機の製造工場で機械設計業務に従事してきた。車両用機械に直接関わることはなかったが、ディーゼルエンジンの設計、自家発電設備の設計に従事した。流体変速機設計の部署に在籍したこともある。残念ながら、「業務上知り得た情報を外部に流してはならない」という規定があり、本書に業務上知り得たことを書くことができない。ただし、専門書に書かれていること、大学の講義で聴いたこと、そして、独学で研究したことは業務上知り得たことではない。また、展示会などで配布するカタログなどに書かれていることは、周知の事実として扱って構わないであろう。

鉄道趣味の雑誌やHPなどには、ディーゼル機関や車両の解説、技術史を解説したものを多数見かける。趣味の世界と実業務の世界では、大きな「ズレ」があることを実感する。とくに、本書で記述した**キハ181**型という特急用の車両と**DD54**型というディーゼル機関車については、趣味の世界では「間違い」と思われる解説が通説になっている。本書では、これらの誤り(と思われることがら)を解説するとともに、筆者の好みの「きしゃ」の知られていないところをご紹介する。

鉄道のディーゼルエンジンは「高速ディーゼル」という

道路を走る自動車の多くは、燃料としてガソリンを積んでいるが、バスや大型トラックの多くはディーゼルエンジンといって、軽油で走っている。最近は多くの給油所がセルフになって、運転手が自分で燃料を入れるようになった。給油所に行くと、独特の匂いがする。これは、ガソリンが揮発し易く、ガソリン特有の匂いがするから。ガソリンという燃料は揮発し易く、引火して爆発する事故がごくまれに起こる。

これに対し、軽油は引火しにくく、バスや大型トラックのように多量の燃料を積む場合に、より安全だといえる。鉄道車両の場合も、大量の燃料を積むので、より安全な軽油を燃料とする。いいかえると、ディーゼルエンジンは、揮発し易く引火し易い燃料には不向きで、軽油や灯油のように引火しにくい燃料に向いている。

ごくまれに、“**軽**”自動車(ガソリン車)に軽油を入れる間違いをする方がいるとか……。ガソリンと軽油は性質が異なり、「引火」と「着火」の違い、と熱機関の講義で教えられる。ガソリンは揮発し易く、空気(酸素)と混ざった状態で、電気火花のような点火源があると、爆発的に燃え広がる。これに対し、軽油は加熱していくと、ある温度で燃え始める。この温度を「着火点」という。消火器取扱いの消火訓練で、油皿の灯油に火をつけると炎が上がる、あの状態を考えていただくとわかるだろう。消火訓練にガソリンを使うと油皿の外にまで火炎が広がるので、素人さんの訓練でガソリンを使ってはいけない。

このような燃料の性質に合わせて、ガソリンエンジンは、点火プラグの電気火花で点火し、ディーゼルエンジンは、空気だけを圧縮して(空気の温度が上がる)、ここに燃料を噴射して自己着火させる。軽油に限らず、灯油、重油も自己着火する燃料なので、これらもディーゼルエンジンの燃料となる。ついでながら、航空用のジェットエンジンは、自己着火で燃焼させているので、燃料の燃やし方では、ディーゼルエンジンに近い。ジェット燃料は灯油と同等、というと、意外に思われる方は多いことだろう。

ディーゼルエンジンというのは、ルドルフ・ディーゼルさんというドイツの方が発明したエンジンで、熱効率のよい機械をつくろうとした結果から生まれたエンジンである。以来、鉄道車両やバス、トラックに限らず、船舶にも多く使われている。災害時の緊急電源として、発電用としてもひろく使われている。

タンカーや鉱石運搬船などの大型船舶用となると、バス、トラック用とは様相が異なり、シリンダ径が80cm、90cm、排気弁だけを備える2ストローク、その排気弁は油圧で開閉する。回転速度が毎分100回転前後で、「自己逆」といって、クランク軸が逆回転できるものまで存在する。3階建、4階建のビルほどの大きさがあって、建物のベランダのように点検用の歩廊が付く。燃料は重油が使われる。

これに対し、鉄道用のディーゼルエンジンは自動車のエンジンとそのシカケがよく似ている。ただし、大きさが異なる。自動車がバックするのは、歯車で車輪の回転方向を変えているのであって、エンジンの軸が逆回転しているわけではない。鉄道用のエンジンも同じである。

鉄道車両の中でも、お客さんが乗る車体の床下にエンジンや燃料タンクを積んでいるものをディーゼルカーとか気動車という。一方、エンジンの動力で貨車や客車を引っ張る車両もある。これは、ディーゼル機関車という。北海道内の電化していない区間では、カシオペア、トワイライトエクスプレスといった寝台列車をディーゼル機関車が牽引していた。

自動車のエンジンの排気量は1500ccとか2000cc(1.5リットル～2リットル)が普通だが、気動車のエンジンは排気量15～30リットルぐらいあって、重量だけで、1.4t～4tある。

機関車のエンジンは排気量30～60リットルぐらいあって、重量だけで、3t～7tとなる。出力軸の回転速度は、自動車が4000とか5000rpmで回るのに対し、鉄道用は1500～2000rpm止まり。それでも、鉄道車両用のディーゼルはエンジン屋の世界では、「小型高速ディーゼル」という。乗用車のエンジンと比べると大きいが、鉄道用のエンジンはディーゼルとしては小型の部類に入る。「平均ピストン速度」という指標があって、これを計算すると、自動車用ガソリンエンジンも鉄道用ディーゼルエンジンも10m/s(秒速)ぐらいで、同じぐらいになる。乗用車のエンジンと比べると大きいので、回転速度が低くても、ピストンの動いていく速度は自動車用と同じぐらいになる。

30年以上前、筆者が大学を卒業して間もないはるか遠い昔、教官が、「最近の(機械科の)学生は、自動車のグレードと付いている装備には詳しいのに、エンジンがどういうサイクルで動いているのか知らない」といって嘆いていた。

本書では、エンジンが動く「しくみ」などについては、わかっている方を対象にして、説明を省略している。易しく解説した書籍はあふれるほどあるので、他書に譲ることにする。なお、国内の鉄道車両用のエンジンは、ピストンが上→下→上→下と2往復、4行程＝4ストロークで1サイクルを終えるようになっている。これを「4ストローク」という。大型船舶用の2ストロークというのは、ピストンが上→下の1往復2行程で1サイクルを終える。

単位、用語、参考文献

解説している機械が昭和年代の製造であることから、PSやkg-mなど、SI単位に移行する前の単位で計算している。また、計算式で、正しくは「≒」と記するところを「＝」と表記している。有効数字の扱いも必ずしも正しくないことを最初にお断りしておきたい。用語として、国鉄、JRで使われる表記をしているところがある。**エンジン**を**機関**と書いているところがあることもお断りしておきたい。鉄道系の解説書には「液体変速機」という用語が多く使われているが、「液体」があるなら「固体」や「気体」があるのか、という妙な疑問を誘うので、本書では「流体変速機」と記述している。逆転機などの周辺機器を含めて「変速機」とし、流体部だけを**コンバータ**と称することにしている。

参考文献については、最後に記載、または文中で適宜、引用元を記載している。『ディーゼル』という月刊誌の資料を多数、参考にしている。この月刊誌は、『鉄道ファン』という趣味誌を発刊している(株)交友社から出版されていた書誌で、毎号約100ページぐらいの分量があった。旧国鉄の整備や運転員向けの情報誌の性格を持っていたようで、新しい技術や整備の職場での器具考案の紹介、各地で発生した故障の実例が教訓として紹介されている。試運転の結果や故障の調査報告など、民間企業であったら、絶対に見ることのできない貴重なデータが公表されている。「国有鉄道」として国民の財産であったがため、と考えるべきだろうか。

『内燃機関』(山海堂)という月刊誌の資料も多数、参考にしている。これも趣味誌ではなく、工学誌である。読み解くには多少の工学知識を必要とする。

二誌とも一般にも販売されていて、常時店頭に並ぶ本ではないが、注文すれば、市中の書店でも購入することができた。「鉄道趣味誌」とは全く異なり、明らかに趣味の書誌ではない。なお、この『ディーゼル』誌と『内燃機関』誌は、ともに現在は発刊されていない。

漁港を行く列車:こんな列車を「きしゃ」といった。
(1975年撮影)

1章

ここが疑問・鉄道ディーゼル車

荷物専用車を先頭に各種車両を連結して運転されていた。
（高山本線1974年）

雪晴れの高山本線・キハ40と連結して旧型車も運転されていた。
（高山本線1987年）

鉄道車両用エンジンの部品はどのようにしてつくられているのか

お客を乗せる車体の床下にディーゼルエンジンを付けて自走できる車体をディーゼルカー、気動車という。これに対し、動力を持たない客車や貨車を引っ張るために大きなディーゼルエンジンを付けた車体(お客を乗せるようにつくられていない)をディーゼル機関車という。

気動車用には総排気量16.99リットル、横型直列8気筒のDMH17H型が、機関車用には総排気量61.07リットル、V型12気筒のDML61Z型が長期間にわたって使われてきた。

最初にエンジンの主要部分がどのようにしてつくられているか、を解説する。自動車用のエンジンと似ているところもあるが、自動車と違って、生産される数が圧倒的に少ないのと、大きさが違うので異なるところもある。

1-1図は、鉄道車両用のディーゼルエンジンの主要部を模式的に描いたもので、自動車用のエンジンの断面図を見慣れた方なら、殆ど同じであることに気づくであろう。描画の都合で弁機構は描いていない。ここでは、主要部として、クランク軸、連接棒、ピストン、シリンダライナ、シリンダヘッド、シリンダヘッドボルトについて解説する。

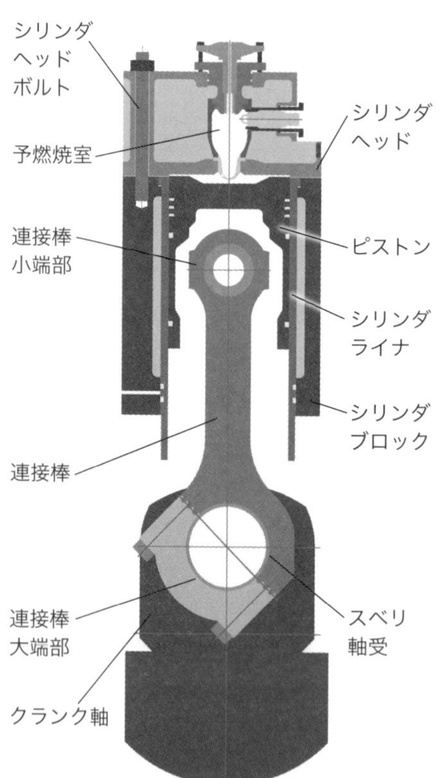

1-1図

クランク軸

ピストン、連接棒、クランク軸の機構はピストンの往復運動を回転運動に変えるエンジンの屋台骨をなす部分である。中でもクランク軸は各ピストンをタイミング良く動かすとともに、発生する力を動力として伝える部品であり、精度や強度を要求される部分でもある。

このために、充分な強度が得られるよう、クランク軸には、焼き入れを施した鋼(はがね)を使う。クロム、モリブデンあるいはニッケルといった元素を少量含む合金鋼を使う。とくに、鉄道車両用機関のクランク軸は自動車用と比べると回転速度が低く、大きな曲げ力やネジリ力がかかる。

曲がりくねったクランク軸の形にするには、鍛造(たんぞう)という方法で、長い棒状の材料を独特のクランク軸の形にする。これは真っ赤になるまで過熱した材料を専用の金型(かながた)の間に入れてプレスする。一回でクランク軸の形にすることは困難なので、何度かに分けて成型する。刀鍛冶の職人がトンテンカーンとやっているのを機械を使って成型するようなもので、溶けた鉄を型に流し込んでつくるわけではない。鉄が形を保ったまま、真っ赤になっていると、溶けている、と思われるが、熱したアメのように変型しやすくなっているが、液体ではない。

愛知県東海市に愛知製鋼(株)という工場があり、「鍛造技術の館(やかた)」という資料館(注1)が開設されており、自動車用エンジンのクランク軸を製造する工程が解説されている。以下の①〜③の展示品の写真(14ページ)とともに、解説する。

① 金型写真：上下割りの片側
② 成型後の製品
③ 機械加工(切削加工)を施した製品

製品はV型6気筒のクランク軸とわかる。鉄道車両用のクランク軸もほぼ同じ工程で製造されている。

当然のことながら、金型は高温に耐えなければならないし、金型の方が変

(注1) 愛知製鋼(株)鍛造技術の館：見学は事前予約が必要。HPに案内あり(2023年)。

① 金型
（愛知製鋼鍛造技術の館）

形してしまっては、製品にならないので、硬い材料でつくられている。硬い材料を加工するのは容易ではない。金型をつくるには、手間もかかるし、製作費もかかる。

鍛造でおおまかな形に成型された後に「焼き入れ、焼き戻し」を行なう。小学校の理科の実験で、針を真っ赤に焼いて、水にジュッと漬けて曲げてみるというのがあった。水で急冷することで焼きが入る。焼きが入った鋼は硬く強いが曲げるとポッキリ折れてしまう。空中でゆっくり冷やすと焼きが戻る。焼き戻した鋼は硬さは低下するが、曲げると折れることなく曲がる。粘りがある、とか、靭性がある、という。少しぐらいなら、曲げても元に戻る。

クランク軸に限らず、機械部品の中でも大きな荷重を受ける部品は「焼き入れ、焼き戻し」を施す。焼き入れして硬く、強い材料にしておきながら、焼き戻しもする、というのは不思議に思われるが、適度に「焼き」を戻して靭性を増す。もちろん、「焼き」が戻りすぎると硬さが低下する。「焼き戻し」の「適度」というのが難しい。また、材料の中心部まで均一に「焼き」が入って、戻されることも重要となる。また、鉄ならば、何でも「焼き」が入るか、というと、含まれる炭素の量によって左右される。わずか0.1%、0.2%の違いで、鋼材の性質が異なり、炭素量の少ない鋼材は焼きが入らない。

焼き入れ、焼き戻し工程で所定の硬さ、強度となった鋼材は、旋盤を使って削り加工が施されて、最後の仕上げ代を残して、所定の寸法に仕上げられる。

② 鍛造成型品
（愛知製鋼鍛造技術の館）

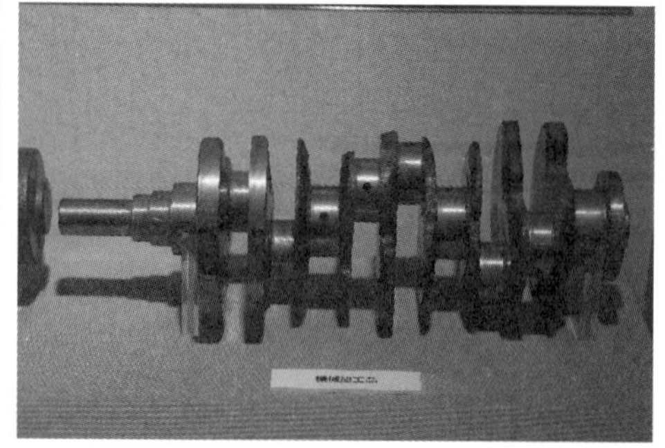

③ 仕上げ加工品
（愛知製鋼鍛造技術の館）

1-2図はクランク軸の屈曲部1ヶ所だけを抜き出した図で、クランク軸が回転する軸受部(クランクケースの軸受部)をジャーナル、あるいは主軸部という。連接棒の大端部が嵌まる部分をクランクピンという。ジャーナルとクランクピンをつないでいる腕の部分をウェブ、あるいはクランクアームという。

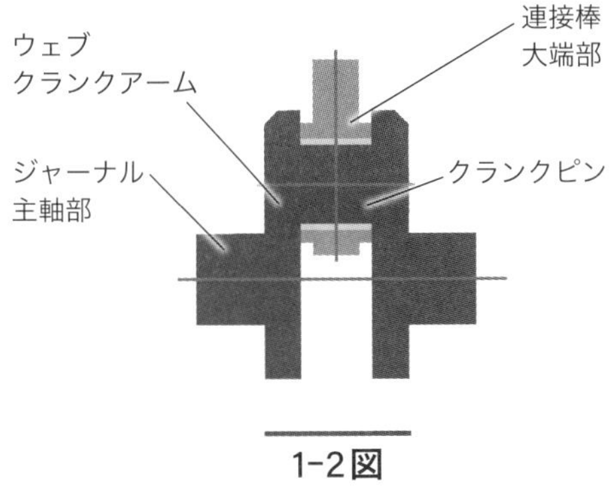

1-2図

主軸部分(ジャーナル部分)を加工する際にはクランク軸そのものが回転バランスするのだが、クランクピンの部分を加工する際にはクランク軸そのものを振り回すようになるので容易ではない。

また、わずかでもキズがあるとそこが起点となって軸が折れてしまうことがあるので、丁寧に仕上げられる。クランク軸の内部、主軸部からクランクピンの部分まで連接棒の潤滑油を流すための油孔があけられる。この油孔が起点となって、軸が折れてしまうことがあるので、油孔の口元は滑らかに丸く角が落とされる。角の丸み部分は研磨紙で磨かれる。

クランクピンや軸受のあたる部分のように仕上げ精度を要求される部分以外は削り加工をせず、鍛造のまま、とすることもあるが、全面加工する場合もある。いずれにしても、回転バランスをとる。自動車のタイヤのバランス調整と同じである。タイヤはオモリを付けるが、クランク軸は小穴をあけたり、削り取って、重量調整を施す。

削り加工で所定の寸法に仕上げの後、「高周波焼き入れ」という作業を行なう。主軸受ジャーナル、クランクピンはそれぞれスベリ軸受が当たるので表面を硬化して耐摩耗性を上げるのと、強度を上げるために部分的に表面だけ、焼入れを施す。高周波焼き入れというのは、鋼の表面だけ「焼き入れ」する方法。

最近の家庭用調理器具で使われるようになったIHヒータと同じ原理で、鋼の表面を高温にして「焼入れ」する。高周波が鋼の表面付近だけ加熱する効果があることを利用する。もちろん家庭用調理器具とは容量がケタ違いである。

高周波誘導コイルというものを焼き入れしたいところに近づけて、通電すると、ほんの数秒で鋼材の表面はオレンジ色に熱せられる。鉄が、オレンジ色になっているのは、溶けているわけではなく、結晶構造が変化しているが固体である。この状態で、水をかけて急冷すると「焼き」が入る。

当然のことながら、オレンジ色に変化しているのは、表面だけなので、表面だけが「焼き」が入って硬く、内部は曲げに強く、折れにくい材料となる。

高周波焼入を施工した部分は軸受が当たるので、外径をミクロン単位の精度にし、表面の凹凸をなくして滑らかに仕上げるため、研削盤で研磨仕上げを施す。表面は「焼き」が入って硬いから、「硬い」といわれる工具で加工しようとしてももはや刃がたたない。高速回転する砥石で慎重に仕上げられる。

高周波焼入した表面は硬いが、内部へ入っていくほど、硬度は低下する。寸法誤差を修正するためには、研磨の取り代は多い方が良いが、たくさん取ってしまうと表面の硬い部分がなくなってしまう。製作・加工上の要求と硬度が両立するようにするのが難しい部分でもある。

焼きが入って鈍い光沢を放つ軸部、ウェブ(クランク腕部)へつながるなめらかな曲線、１本のクランク軸はある種の工芸品のようでもある。

連接棒

ピストンとクランク軸の間には連接棒があって、ピストンの往復運動をクランク軸の回転運動に変えている。連接棒はコネクティングロッドあるいはコンロッドともいう。ピストンの側を小端(スモールエンド)、クランク軸側を大端(ビッグエンド)という。どちらの側も燃焼圧力の大きな荷重を受ける。この部分にはニードルベアリング(針状軸受)といって、ローラを細く長くのばしたようなコロガリ軸受を使う場合もあるが、鉄道車両用の機関では、銅合金製のスベリ軸受が使われている。円筒を半割りにした2個の部品に分かれた銅合金の円筒をクランク軸に当てて軸受を構成する。この軸受部品を軸受金といい、ベアリングともいっている。

一般には、ベアリングというと、ボールやローラを使った軸受を連想するが、機関屋はこのようなスベリ軸受もベアリングという。プレーンメタルま

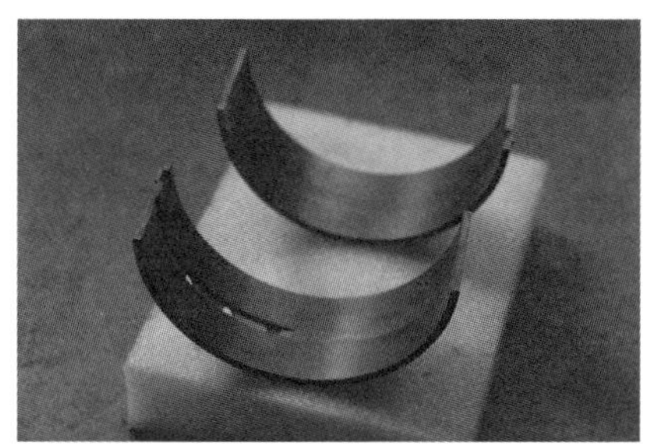

半割りのプレーンメタル
(大坪エンジニアリング整備品)

たは単にメタルということもある。

屈曲したクランク軸に連接棒をくぐらせることはできないので、大端部を半割にして、スベリ軸受を入れて、クランク軸に組込んだ後、ボルトで締め付ける。もちろん、ボルトでガッチリ締め付けても、スベリ軸受とクランク軸の間にはごくわずかにスキマがあくようにつくられているので、軽く回るようになっている。ただし、回転時には潤滑油を流して、油膜が軸を支えるようにしている。

ところで、クランク軸が回転するとき、連接棒の大端部は振り回されることになる。

燃料が燃えて、ピストンが押されるとき、連接棒はクランク軸を回転させる方向に力がかかり、圧縮する力、曲げる力がかかる。

ピストンが押されて最下点(下死点)を回っていくとき、ボルトで固定された連接棒大端部の下半部は、真下へ放り出されるように力が働く。一方、クランク軸が180°回って最上点(上死点)を回っていくとき、排気行程では、ピストン、連接棒が上向きに、放り出されるように力が働く。連接棒には引っ張る力がかかる。

自動車やバスがカーブをまわっていくとき、乗っているお客や荷物には外に放り出されるように力がかかる。世間一般では、この力を「遠心力」という。乗っている人や荷物には、「慣性」が働いて、そのまま真っ直ぐ進もうとする。バスや自動車の箱が曲線をまわっていくから、真っ直ぐ進もうとする人や荷物が箱の壁に押し付けられる。

慣性により物体は直線運動しようとするが、これをつなぎとめて回転運動させようとするために生ずる力、慣性の法則に従って働く力だから、機械屋、エンジン屋はこの力を「慣性力」という。「遠心力」とは言わない(注2)。クランク軸の腕部(クランクアーム・ウェブ)がガッチリつなぎとめて、回転運動を

(注2) 洗濯機の脱水槽のように、水や油が回転体で飛ばされるような場合には、「遠心力」という言い方をする。回転する羽根車を使ったポンプは「遠心ポンプ」という。物理学では、「慣性力」と「遠心力」は同じ扱いとのこと。

振り回すバケツは馬の前脚が内側に引っ張っているから飛んでいかない。もし、取手が外れたら、飛んでいってしまう。これは、バケツが慣性の法則に従って、等速直線運動をしようとするから。

させている。

「慣性力」の慣性というのは、「止まっているものは、そのまま止まっていようとする」「動いているものは、そのままの速度を保って、まっすぐに動いていこうとする」という性質。物理では、「停止しているか、等速直線運動する」という言い方をする。

このときの回転による加速度は回転速度（DML61Zの場合、毎分1500回転）と回転半径（DML61Zの場合、100㎜）から求められる。高速で回るほど加速度も大きくなる。DML61Z、DMF31SBの加速度を計算すると、約2470m/s^{2}となり、重力加速度（9.81m/s^2）の250倍に達する。

これに大端部の質量（重量）をかけると、荷重を算出できるが、連接棒の小端部は往復し、大端部は回転するので回転質量をどれだけと考えるのか、質量を計算するのは容易ではない。

2個のハカリを使って、1つを連接棒の小端部、もう1個を大端部に載せて、それぞれ重量を計測する。このうちの大端部の重量を回転質量として「慣性力」を計算すると、DML61Zの場合で約3000kg（29kN）となる。連接棒大端部のボルトはこの荷重に耐えなければならない。

クランク軸の腕部にこれだけの力、約3トンが発生して、クランクピン、連接棒大端部が飛んでいかないように回転運動をさせている。

1–1図に示すように、大端部は斜めに分割されている。大端部を斜め割にするとこの荷重が分力となるので、ボルトにかかる荷重を軽減することができる。[注3] 45°の角度ならば、荷重は約0.7倍（$\div\sqrt{2}$）となる。ところが、荷重の分力は横方向にも働く。両方向の荷重を受けるのなら、荷重を軽減することにならない。そこで、斜めに割った部分をセレーションといって、ラック歯

（注3） 3章2で解説の通り、組立上、寸法上の都合、配慮もある。

のようにして噛み合わせ、これで横方向からの荷重を受け、ボルトに横方向からの荷重がかからないようにする。

このセレーションの合わせ面は完全に密着していなければならない。仕上げ表面が粗かったり、噛み合わせが悪いと、大きな荷重に叩かれて、表面の凸凹が潰れて変形し、スキマがあく。スキマがあくと、ボルトが緩む。ボルトは座面に密着しているうちは荷重を受けるだけだが、スキマがあくと、衝撃がかかり、ボルトは破断してしまう。連接棒はクランク軸で振り回されているから、ボルトが脱落すると、連接棒・ピストンは、放り出されて、シリンダヘッドに激突する。これは、最悪のシナリオで、エンジンは一瞬にしてスクラップとなってしまう。それほど、この部分は重要な部分であり、部品の工作も組立上も慎重な作業を要するところである。

押される、曲がる、引っ張る、といった変動する荷重に耐えるため、連接棒もクランク軸同様、微量元素を含む合金鋼を使い、鍛造という工程で製造される。

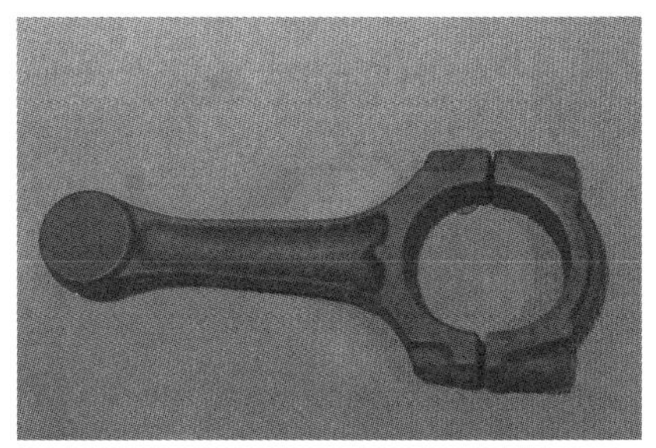

連接棒鍛造素材
(愛知製鋼鍛造技術の館)

また、重量バランスをとるため、エンジン1台分の6本なり、12本の連接棒は大端部、小端部それぞれに小孔をあけたり、削り取って、同じ重量に揃える。限りなく「手づくり」に近い作業で製造されている。

人工衛星が落ちてこないのはなぜなのか

「慣性力」「慣性の法則」という概念は、物理の初歩といえる。ここで、「意味不明」となって、物理から疎遠になっていく方は多いものと思われる。

ところで、人工衛星や宇宙ステーションが「地表面に落下」しないのは何故なのか、理工系の学生や物理の得意な方でも、誤った理解をしている方は多いのではないかと思われる。

多くの誤った理解、というのは、「地球と人工衛星との間の万有引力(＝重力)と人工衛星が周回軌道を飛んでいることによる遠心力がつりあっているから」落ちてこない、という解釈。

この説明は明らかに間違っている。

「力がつりあっている」というのは「物体に力が働いていないと同じ」ということ。外から力が働かない物体は「慣性の法則」にしたがって、「静止するか、等速直線運動」をする。速度一定のまま、まっすぐに飛んでいく、ということ。

もし、人工衛星に働く力がつりあっているならば、円軌道を描かず、直線運動して地球からはるか遠くへ飛び去ってしまう。つまり、「力がつりあっている」ということがそもそも誤っている。円軌道、長円軌道を描く、ということは、「力」がつりあっていない。人工衛星には、常に重力だけが働いている。簡単にいえば、「落ちていない」のではなく、落ちている。落ちているのだが、落ちるよりも速く横移動しているのと、地球が球体だから、いつまでも地表面に達しない、ということ。どのぐらいの速度で横移動しているかというと、秒速約8km。エベレスト頂上の高さから約1秒で海面に達する速度。文字通り、落ちるより速く飛んでいる。18ページの馬の絵で、取手が外れたバケツは、真横へ飛んでいく。もし「遠心力」という力が働いているなら、バケツは斜め上に飛んでいくはずである。

宇宙ステーションにいる乗員がフワフワ浮いているのは、実は、「落ちている」から、にほかならない。当然のことながら、映像を映しているカメラも一緒に落ちている。

だから、重力の働くままに、自由落下すれば、地上でも「無重力の状態」をつくり出せる。飛行機を、ボールを投げたときのように放物線を描くように飛ばすと機内は「無重力」となる。海外では、「無重力体験ツアー」というのがあるときいたことがある。調べてみると、国内では、名古屋発着で「無重力体験飛行」というのがあるのだそうだ。

放物線を描いて、地上まで飛び続けると「墜落」になってしまうので、無重力の状態は20～30秒ぐらいの間なのだそうだ。下りのエレベータに乗ったときに、「フワリ」とした気分になるのは誰でも体験する。少しだけ無重力に近づいている。

ここで、「無重力」という表現をしたが、自由落下していても重力は作用しているので、正しくは無重力ではない。「無重量」という表現もあるが、ここでは、あたかも「重力」が無くなったかのような現象、ということで「無重力」と記述した。

宇宙ステーションは上空400kmの高さにあって、地球の重力が働かない、と記述している解説もあった。地球の半径は約6370km。400kmという数字だけきくと、ずいぶん高いように思えるが、地球の大きさからすれば、表面のごく近く、でしかない。地球の重力が働かない、のなら、水平移動して飛んでいく必要はない。

地球から約38万km離れている月でさえ、お互いの引力が作用している。月が地球のまわりをまわっていると考えると、月が地球のまわりを回るのに要するのは約27日なのだそうだ。これからスピードを計算すると(2π×38万km)÷(27日×24時間)＝約3700km/hということになる。実に地上の音速の3倍を超えるような速度で移動して、地球へ向かって落ちつづけている。地球大気中を超音速で飛ぶ航空機は轟音を発するが、空気のない宇宙空間を移動する月が轟音を発することはない。

なお、「重力と遠心力がつりあっている」と説明する書誌は多数に及ぶ。本書巻末の参考文献としては、記載していない。

ピストン

エンジンの中で、燃焼ガスの圧力を受けて往復運動して、クランク軸を回すのがピストン。このピストンの動いていく速度は、クランク半径と連接棒の長さから、幾何学的に求めることができる。

1-3図は、機関車DD51用のエンジンDML61Z型が1500rpm(毎分回転速度)で回ったときのクランク角度に対するピストン速度を計算してグラフにしたもの。ピストンの最上点、最下点をそれぞれ上死点、下死点といい、グラフの横軸0°と360°が上死点、180°が下死点で、ここで、速度が0となることを示している。縦軸がピストン速度で、＋は下向き、－は上向きの速度をあらわしている。速度が最高

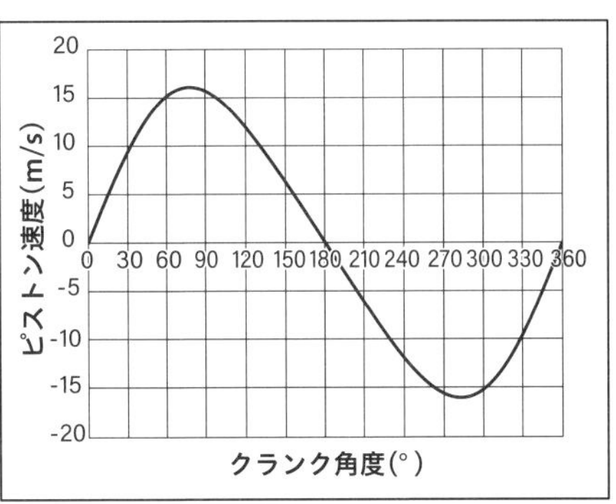

1-3図

になるのは、上死点から約80°の位置で、ここで、約16m/secとなる。時速にすると、約58㎞/hとなる。上死点はTop Dead Center(TDC)、下死点はBottom Dead Center(BDC)と表記することもある。

クランク軸が毎分1500回転する、ということは、

1500 ÷ 60 = 25で1秒間に25回転。

1回転に要する時間は1 ÷ 25 = 1/25 = 4/100 = 0.04秒。

上死点から下死点、または下死点から上死点まで、ピストン片道ならば0.02秒。この0.02秒の間にピストンの速度は0㎞/h→58㎞/h→0㎞/hとめまぐるしく変化する。最高速度はクランク角度で90度に近いので、上死点から最高速度に達するまでの時間は0.01秒以下。恐ろしいほど短時間で速度が変化することがわかるであろう。

加速、減速というより「衝突」している、という方がふさわしいぐらいの大きな加速度がかかる。当然のことながら、往復運動する部分はもちろん、回転する部分もこれに耐えるだけの強度をもっていなければならない。

ピストンはこの衝撃のような荷重に耐えながら、同時に燃焼ガスの温度と圧力にも耐えなければならない。自動車用エンジンと同様に、鉄道車両のエンジンのピストンもアルミ合金でつくられている。

同時に、連接棒小端部からは小端部を潤滑した油がピストンの裏面に噴き出て、油で冷却するようになっている。アルミは熱伝導が良いので、冷却さえしていれば、溶融することはない。アルミの鍋を火にかけても、水がある限り溶けないのと同じ理屈である。

本章の最初に機関車用エンジンDML61Zの総排気量を61.07ℓと紹介した。ピストンが動いて押し出す円柱状の容積を計算する。これを61000ccと記載しているのを見かける。リットル単位にしているから61ℓなのだが、どうしてもcc単位で表記したいのなら、61073ccとするのが正しい。筆者の年代は、円周率を3.14で計算するよう習ったが、円周率は3.14159…と無限に続くことを忘れてはならない。

シリンダライナ

エンジンの燃焼室はピストンとシリンダ、シリンダヘッドで形成される。

シリンダはシリンダライナという円筒をクランクケースのシリンダ部分にはめ込む。このシリンダライナは遠心鋳造(ちゅうぞう)という方法で製造した鋳鉄製品で、内面はホーニングという特殊な仕上げ加工を施す。砥石を回転させながら長手方向に動かして内面研磨する。真円度が高く、しかも、内面に綾目状に研磨跡が残る。この綾目状の微細な溝が潤滑油を保持する働きをする。鋳造というのは、溶けた鉄やアルミニウムなどの金属を型に流し込んで製造する方法で、次のシリンダヘッドでも詳しく解説する。

シリンダライナは、「鋳造品」であることが重要である。鋳造の鉄は「鋼(はがね)」と比べ、多くの炭素を含む。多めの炭素は鉄の中に溶け込むことができず、鉄の結晶の間に滲み出している。この炭素が脱落した後に潤滑油が入り、油を保持する。使い込んだ鋳鉄のスキヤキ鍋も炭素の抜けた跡に味が滲みるのだとか(以下、適宜「ライナ」と略す)。

長期間にわたって製造され、多くの気動車に使われたDMH17系のシリンダライナは乾式といって、ライナの外周が直接冷却水に触れないようになっている。写真は、DMH17Hの内部構造がわかるようにシリンダライナを1/4切り取ってピストン、連接棒が見えるようにしたもの。隣のシリンダ(写真下)との間、長いスリット状にシリンダブロック(クランクケース)の水室が写っている。シリンダライナは薄い筒状になっていて、水に直接接していない。

シリンダの部分(シリンダブロック)とクランク軸を支えるクランクケースを別々につくって、ボルトで接合する構造のエンジンもあるが、鉄道車両のエ

DMH17Hピストンシリンダ機構
(新津鉄道資料館)

ンジンは、両方を一体で鋳造して製作している。自動車用エンジンも同様、一体鋳造でつくられている。

一方、気動車用のDML30HS系や機関車用のDML61Z系のライナは湿式といって、ライナの外周に直接、冷却水が触れるような構造になっている。**1–4図**に概念図を示す(概念図であって、実際の寸法とは異なる)。クランクケースにライナを嵌めこんで初めて、クランクケースは冷却水を流せる構造となる。ライナの外周下部には冷却水が漏れないようにO–リング(オーリング)という耐熱ゴムの輪を嵌める。ライナ上部は外周を段付きにフランジ部を出して、クランクケースとシリンダヘッドではさんで固定する。ライナとクランクケースの間には耐熱性のパッキン(ガスケットという)を入れて、クランクケースの水が漏れないようにする。

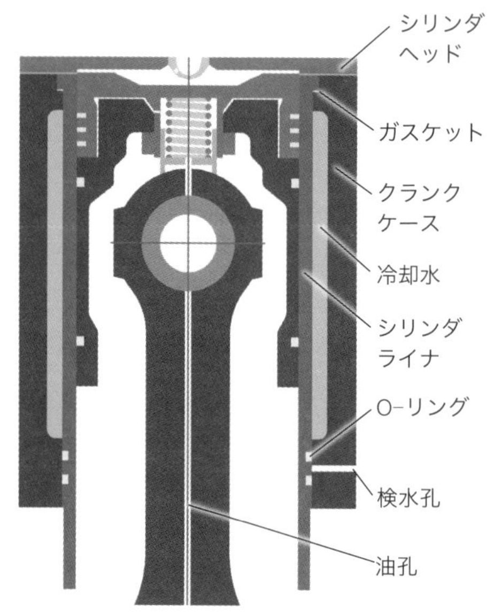

1–4図

上下をガッチリ固定してしまうと、熱膨張の逃げるところがなくなってしまう。だから、ライナの上部だけ固定し、下部はO–リングで水が漏れないようにして、熱膨張を下へ逃がして無理な力が加わらないようになっている。

O–リングは本来、1本あればよいのだが、漏れると潤滑油に水が混入して大変なことになるので2本入れてある。この2本の間に、「検水孔」といって、外部に小孔があけてある。点検の際、ここから水が漏れていないかチェックする。分解せずとも、点検ができる

シリンダライナ　O–リング
(大坪エンジニアリング整備品)

ように考慮してある。

描画の都合でシリンダを直立して描いているが、DML61Zは60°のV型なので、鉛直から30°傾いている。この図では、検水孔を真横に描いているが、実際は斜めに加工されている。

ライナは燃焼室の燃焼ガスの圧力に耐えなければならない。必要以上に厚くすると熱伝導が悪くなって冷却の問題を生じるが、圧力に耐えられずに変形しても具合が悪い。変形すると燃焼ガスが漏れる、というだけではない。クランクが1500rpmで回転するとき、ピストンは1秒間に25往復する。4ストローク機関の燃焼行程は、2回転に1回なので、1秒間に12回半、8/100秒という短い周期で燃焼を繰り返す。この短時間の燃焼行程の際に燃焼ガスの高い圧力により、シリンダライナがごくわずかに変形する。

このとき、外周に局部的な負圧を生じ、冷却水に泡ができる。変形したライナが元に戻るときに加圧されるため、泡のところで大きな圧力を発生する。この圧力が発生する場所は、特定の場所に集中するので、鉄製のライナに針で突いたような孔をあけてしまうこともある。キャビテーションといって、機関屋が恐れる現象である。これを防止するために、シリンダライナの外周には硬質クロムメッキを施して防御する場合もある。

形は単純な「筒」なのだが、たくさんのノウハウが凝縮されている。

シリンダヘッド

ピストン、シリンダ機構のフタとなる部分はシリンダヘッドという。ここには、給排気の通路とバルブ、バルブの開閉機構が組み込まれている。予燃焼室式ならば、予燃焼室と噴口、燃料ノズル、予熱栓(グロープラグ)も組み込まれている。給排気の通路の周囲は水室が取り巻いていて、内部は冷却水の流れる通路がつくられている。

このような部品を製造するには「鋳造」という方法をとる。溶けた鉄(湯という)を型に流し込んで、冷えて固まったところで、型から取り出す。こうしてできる製品を「鋳物(いもの)」といい、複雑な形の部品をつくることができる。クランクケースや給排気のマニホルド(分岐管)、水ポンプの渦巻室など、鋳造という製造法でつくられるエンジン部品は多い。

自動車部品ではダイキャストといって、鉄で型をつくってアルミニウムを流して部品を製造することが多いが、鉄道車両のエンジン部品は砂型を使う。

砂で型をつくるのだ、というと驚くかもしれない。材木で「木型」をつくり、これを砂に押しつける。と、砂に木型のとおりの凹みができる。木型を抜き取って、凹みに湯(溶鉄)を流し込めば、木型と同じ形の製品ができる。次々に木型を砂に押しつけていけば、一つの木型で同じものを何個でもつくることができる。

原理的にはこれだけのことだが、シリンダヘッドは内部に水の通る空洞や吸入空気と排気ガスの通路がつくられている。このように内部に空洞をつくり込むには、「中子(なかご)」というものをつくる。内部形状の形をした砂の型をつくって型の中に仕込んでおく。砂だけでは崩れてしまうので、樹脂の粉末を砂に混ぜて焼いて、適度な固さをもった型をつくる。中子をつくるためには、中子のための木型が必要となる。

中子は木型が別になるので、手間をかけていくつもの木型をつくらなければならない。改良、改造のためのわずかな変更なら、木を削ったり、足したりして修正する。

写真は、DMH17Hの内部構造がわかるようにシリンダヘッドの一部を切り取って、排気ガスの通路と水の通る空洞がわかるようにしたもの。シリンダヘッドは2気筒分が一体になっていて、左側シリンダの吸気弁と排気弁、右側シリンダの排気弁が写っている。右側シリンダの吸気弁は、材料が切り

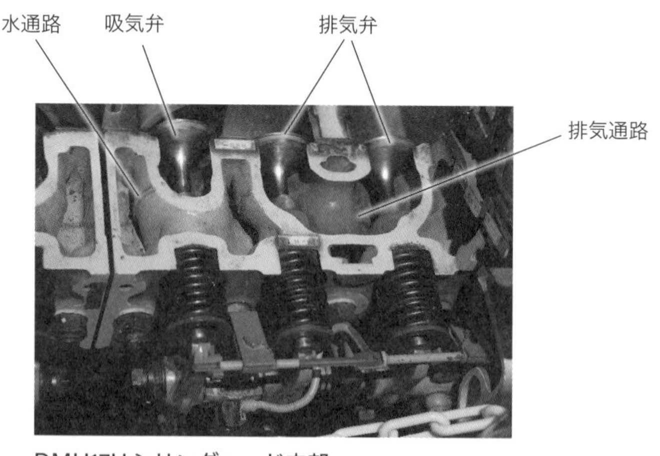

DMH17Hシリンダヘッド内部
(新津鉄道資料館)

取られていないので、見えていない。左右の排気通路がつながっていることがわかる。吸入空気と排気ガスの通路は、大きな入口、出口があるので、ここで中子を支えることができる。

水の通る空洞をつくるための中子は写真でわかる通り、外部につながるところがない。空中に浮かせておくことはできないので、砂でできた中子を支えるところが必要となる。写真はシリンダヘッドの側面の拡大写真で、矢印で示す部分にかすかに丸い凹みがある。塗装を何度も厚塗りしているためにわかりにくくなっているが、ネジ栓がしてある。これは、水室の中子を支えていた穴の栓である。よく見るとこの面の下の方にも、ネジ栓が見える。

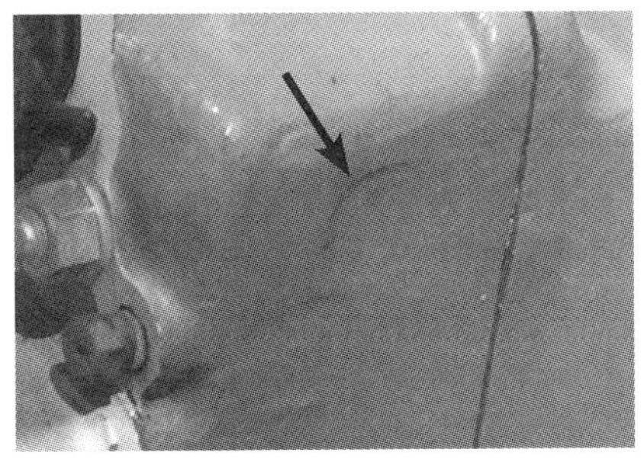

DMH17Hシリンダヘッド中子支え跡
（新津鉄道資料館）

湯を流し込んで、できた製品は内部に砂が残る。中子を支えるための孔があいているから、ここから砂型を崩して出す。砂を使って型をつくる理由が、これでおわかりいただけるだろうか。ショットブラストといって、鋼球を製品にぶつけて、内部の砂型を壊して砂を出す。

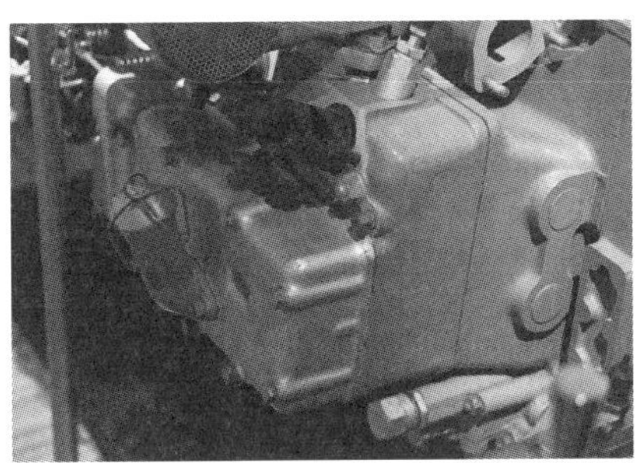

DMH17Hシリンダヘッド外観
（新津鉄道資料館）

型には、湯を流し込む部分(湯口)と空気が押し出されて抜ける部分(湯上り)が付いている。砂型から取り出した製品にも湯口と湯上がりが固まった部分が余分に付いているからこれを切り離す。

砂を落とし、余分な部分を取り除いた製品は削り加工や孔あけを施し、砂を抜いたあとの穴にはネジ加工をした上でネジ栓をする。

一つの木型から次々と同じ製品が作れるので、大量生産向きの製造方法だが、反面、不良品も出易い。湯が隅々まで行きわたってくれればいいが、湯が途中で凝固してしまったり、うまく空気が抜けず、所定の製品ができない場合もあるし、中子の砂型がずれて、水室の壁が薄くなってしまう場合もある。

シリンダヘッドのように、内部に水通路があるような部品は、ネジ孔をあけるなどの工作を施した後、最後に水圧試験を実施して水漏れがないことをチェックする。手間をかけて完成させても、水漏れがあってスクラップとなる場合もある。

なお、木型は、完成品より大きくつくっておかなければならない。なぜなら、型に流し込むのは溶けた鉄、凝固して収縮し、さらに室温まで温度が下がるまでに熱収縮(熱膨張の反対)してしまうから。熱収縮を考慮して大きめの型をつくっておかないと、所定の寸法の製品にならない。製品の材料によって熱収縮率が違うから、たとえば、鉄製品とアルミ製品とでは木型を作るときの拡大率は異なる。

型をどこで割るか、によって、中子支えの位置を決めなければならない。図面を描く設計者と木型屋が連携しなければ、良い製品ができない。

シリンダヘッドボルト

シリンダヘッドは頑丈なボルトでクランクケースに締め付けられている。

4ストローク機関ではクランク軸2回転に1回燃焼するから毎分1500回転する機関は1秒間に12回半、大きな荷重を繰り返し受ける。DML61Zの場合で、燃焼ガスの最高圧力を仮に80kg/cm^2(7.8MPa)とすると、シリンダヘッド・ピストンにかかる力は、シリンダ径が18cmなので、

$\pi \times (18/2)^2 \times 80 = 20358$(kg)(約20トン)

となる。

この力は瞬間であって、常時かかっているわけではない。この燃焼室の燃焼ガスがピストン

DMH17Hシリンダヘッドボルト
(新津鉄道資料館)

シリンダヘッドカバー　シリンダヘッドボルト　クランクケース

を押すから動力になるのだが、シリンダヘッドがガッチリ燃焼ガスを押さえているから動力になるのだともいえる。いうなれば、シリンダヘッドボルトの反力が動力になっているのだといってもよい。

このボルトはごく一般に見かける六角の頭のついたボルトではない。植え込みボルト(スタッドボルト)といって、両端外周にネジを切った丸棒である。これの一端をクランクケースにネジ込んである。ちょうど地面に丸棒を植え込んだようになる。ここへシリンダヘッドを入れ、最後にナットで締め上げる。

なぜごく一般的な六角頭のボルトを使わないのか。六角ボルトは六角の頭の部分と丸い軸の部分との境に直角の角ができてしまう。大きな荷重を受けたとき、この角の部分から破断することがある。だから、このような直角の角のない植え込みボルトを使っている。

材料はクロム、モリブデンといった微量元素を含む合金鋼で、焼入れ、焼戻し処理を施して、所定の強度が出るようにし、錆び防止のため、メッキを施している。

そして、ボルト(ナット)の締付けの方法も細かく指定される。締付け力はトルクレンチといって、締付け力が計測できるようにした工具を使い、対角に交互に締めていき、一方だけを締め過ぎないようにしている。

水平型のエンジンで、このボルトに通常の六角頭のボルトを使うと、ボルトを外すとシリンダヘッド本体が落下してしまう。植え込みボルトを使えば、ナットを外しても植え込んだボルトでシリンダヘッド本体が支えられるので、分解、組立て作業がしやすい、という利点もある。

写真はプラットホームのすきまから撮影した気動車のエンジン。四角の箱が4個並んでいる。これをシリンダヘッドと思っている方が多いが、これは、シリンダヘッドカバーという。この中に切断写真に写っているバネ機構が入っていて、シリンダヘッドはそのまた奥の部分。

DMH17H外観
明知線キハ52のエンジン(1974年撮影)

エンジン整備

鉄道車両は一定期間、または、一定距離を走行すると、整備を実施する。整備工場へ入れて、総分解して点検する。新幹線車両が総分解されて点検する映像が、TV番組になることもある。新幹線だけでなく、在来線の車両も同様である。もちろん、ローカル線を走るディーゼル車も例外ではない。ディーゼルエンジンに多く使われているスベリ軸受やゴム類、変速機に使われているクラッチの摩擦板は、一定距離の走行で新品と交換する。摩耗して、車両不調になってから工場に入れていたのでは、ダイヤ通りの運転ができなくなってしまう。鉄道車両は運転する距離が決まっているから、いつ所定の走行距離に達するか予測ができるので、整備の計画がたて易い。

ディーゼルエンジンや変速機は、分解、再組立に時間を要する。再組立して完成した後、エンジンの出力調整を行ない、所定の性能が出ているか試運転も実施する。試運転といっても、実際に車両に載せて走行するわけではない。エンジンだけ単品で動かして試験する。

エンジン冷却のための装置をつなぎ、試運転のための排気管、燃料タンクをつなぎ、エンジン出力軸には動力計(2章5で解説)をつなぐ。運転台からの電気指令を模擬的に発生する装置をつないで、運転台の電気指令に応じて、所定の回転速度、所定の出力となるように、燃料噴射機構の調整を行なう。

通常、エンジン、変速機の整備は車体の整備よりも時間がかかるし、試運転、微調整の手間、時間もかかる。試運転の結果、分解、再組立、ということがないとも限らない。そこで、多くの場合、エンジンと変速機の予備を用意して、整備の済んだ車体に予備のエンジンと変速機を載せてしまう。降ろしたエンジンと変速機は分解、点検、部品交換、再組立、調整、試運転を実施して、次の予備機となる。こうして、エンジン・変速機は順繰りに別の車体に載せられていく。国鉄主体で図面をつくり、これをもとにエンジン・変速機を製造しているから、どこの製造会社、工場で製造された製品も互換性があって、A社のエンジンが載っていた車体にB社のエンジンが何の問題もなく装填される。車体の製造年月とまるでかけ離れた製造年月のエンジンが載っていてもおかしいことではない。ローカル線の各駅停車に使われていたエンジンが整備後、特急車両に載せられることもあり得る。

気動車用機関DMH17H、機関車用機関DML61Zが、旧式といわれながら、長期間にわたって使われ続けたのは、整備の事情があった。

ここまで解説の通り、エンジンを製造するには、金型や木型を必要とする。また、能率よく部品を製作する、能率よく組立てするため、長い年月の間に専用工具や治具が考案されてきた。エンジン部品の寸法が変われば、これらの型や工具はつくり直しになる。自動車用エンジンと比べて製造する数は圧倒的に少ない。

ディーゼル車は田舎のローカル線をコトコト走っている場合が多い。費用をかけられない車両だからこそ、高額な費用と手間をかけて製作した金型や木型を有効に利用するために、旧式といわれてもつくり続ける方が得策だったと思われる。

流体変速機は自動変速機・変速できる原理

鉄道車両や自動車のように、ディーゼルエンジンやガソリンエンジンを動力として車輪を回して移動しようとする機械は「変速機」を必要とする。

鉄道車両のディーゼルエンジンなどは、ピストン・シリンダで構成された燃焼室で燃料を燃やして動力を得ようとするから、止まっている状態からいきなり負荷をかけることができない。同じピストン・シリンダ機構でも、蒸気機関車は別のところ(ボイラ)で圧力気体(蒸気)をつくってから、ピストン・シリンダ機構に圧力気体を導くから、止まっているところから動き出すことができる。

手動変速機(以下MTと略す)の自動車は、動き出すときに「半クラッチ」という微妙な操作で、ダマシダマシ負荷をかけていかないと、動き出すことができない。

航空機や船のプロペラ[(注1)]は、空気や水という流体を動かし、その反力で機体なり船体を動かすので、これらの流体が緩衝材として働く。だから、半クラッチのような微妙な操作を必要としない。

そこで、鉄道車両や自動車も、油という流体を介在させて動力を伝達する方法を考案した。これに加えて、車両に必要な特性に適合させる機構をつくり上げた。これが、「トルクコンバータ」という機構。

ここでは、このトルクコンバータの原理を解説する。

鉄道車両では、このトルクコンバータを「液体変速機」「流体変速機」といっている。この「変速機」という一語がクセモノで、理解の妨げになっている(のではないか)。

「変速機」というと、誰でも思いつくのは、自動車の手動変速機とか自転車の変速機であろう。変速機というから、機械からは何かレバーのようなも

(注1) 船の後部、水中で水を掻いて回る羽根車を一般にはスクリュウというが、工業的にはプロペラということが多い。

のが生えていて、これを操作すると速度が変わるのか、と思ってしまう。

トルクコンバータというのは、原理上、自動変速の機能をもっているので、外から操作するレバーのようなものはない。

原理として、エンジンの動力を油の流れにして駆動輪に伝達する、ということは知られていても、それで、どうやって変速するのか、ということになると「？？？」という方が多いことであろう。

トルクコンバータの原理を説明するのに、扇風機2台を向かい合わせにして、一方を回すとその風で他方が回りだす、という解説がある。これは流体継手(フルードカップリング)、あるいはフルカン継手といって、1：1の動力伝達をする。「変速」＝「トルクを拡大」できる原理を理解するためには、もうひとひねりの説明を要する。

順を追って説明するので、

① 車両に必要な特性
② トルクコンバータがトルクを拡大できる原理
③ ストールトルクとは

の3点に分けて解説する。②が核心部になる。③については理解を助けるためで、蛇足のようなもの。

なお、本書では、逆転機などの周辺機器を含めたこの部分を「変速機」とし、この中の流体変速部を「コンバータ」と記述することにする。

車両に必要な特性について・低速で大きな力を必要とする

まず、自転車に乗ったときのことを考えてみる。

「力」が必要なのは、スタートするとき、坂を登るとき、加速するとき、風上に向かって走るとき、ということを多くの方が経験的に知っている。

急な坂で、ペダルの回転が低下したときや、スタート時のこぎ出しは、とくに大きな「力」が要る。こんなときに、変速機付の自転車ならギヤ(チェンとスプロケットの組合せ)を操作してペダルを軽くすると楽になる。

ならば、軽いギヤのままにしておけば良いかというと、スピードが乗ってくると、今度はペダルの回転が速くなりすぎて、回すのが追いつかなくな

る。こんな場合も、変速機(ギヤ)を操作して、ペダルの回転を遅くすると楽になる。

自転車も自動車も、鉄道車両も同じで、停止からスタートするときや、車速が落ちてきたときは、大きな「力」を必要とする。

ちなみに、電車や電気機関車に従来から多く使われてきた直流直巻電動機(じかまき)(注2)は低速でトルク(回転力)が大きい、という特性をもっている。だから、減速比固定の歯車一組で動力を伝達し、歯車を切換える「変速機」を必要としない。

ディーゼル機関もガソリン機関も、回転数の変化に対してトルクがほぼ一定で、有効に使える速度の範囲が限られているので、低速時に「力(回転力)」を大きくする機構を必要とする。

自転車の変速機やMTの自動車では、歯車(チェンとスプロケットでも同じ)の歯数比を変えて、低速での回転力を大きくしている。これに対し、ディーゼル鉄道車両では、トルクコンバータ(流体変速機)をつかう。

これは、トルクコンバータが、

① 入力と出力の速度差が大きいと出力軸の回転力(トルク)が大きく拡大される
② 入力と出力の速度差が小さくなると出力軸の回転力(トルク)の拡大率が小さくなる

という特性をもっているから、歯車の切換えと同じ効果が得られる。しかも、歯車方式のように外からレバーなどで操作する必要がなく、自動変速の特性をもっている。上記説明の通り、「半クラッチ」を必要としない効果も

(注2)「ちょっけん」と記述する解説もあり。分巻というモータもあり、「ぶんけん」と読むので、直巻は「ちょっけん」が正しいのかも。筆者が小学生の頃に読んだ本では「じかまき」と書かれていた。

大きい。

車両には「低速で大きな力(回転力)」が必要、ということがわかったところで、流体変速機、トルクコンバータがなぜこのような特性を持つのか、というのが、この説明の核心部となる。

トルクコンバータがトルクを拡大する原理

トルクコンバータの内部には、エンジンで駆動されるポンプ羽根車、車軸に接続されているタービン羽根車と、トルクコンバータ本体に固定されているステータ羽根車(案内羽根またはリアクタと記載する解説もあり)という3種類の羽根車が収められている。

「扇風機2台を向かい合わせにする説明」は、ポンプ羽根車とタービン羽根車だけの場合で、これだけでは、トルクを拡大する説明ができない。

「ポンプ」というと、多くの方が井戸水ポンプのようにピストンを上下させて水を汲み上げるモノを連想する。船のプロペラ(スクリュゥ)のように、羽根車を回転させても水が後方に押し出されるので、ポンプと同じ作用をさせることができる。風呂の残り湯を洗濯機に移す「風呂水ポンプ」も羽根車を小型のモータで回している。風呂の湯を追い焚きする給湯器も内部に羽根車のポンプがあって、給湯器と浴槽の間を循環させる。多くの方が気にしていないと思われるが、羽根車を用いたポンプは家庭の機器にも多く使われている。

ポンプ、タービン、ステータの3種類の羽根車を組合わせてトルクコンバータの断面図を描いたのが、**1-5図**。中央の横に引いた線を中心にして、入力軸、出力軸が回転する。羽根車の内部には油を充填する。いくつかの羽根車の間のスキマから内部の油が流れ出してしまうが、この図は回転部分を説

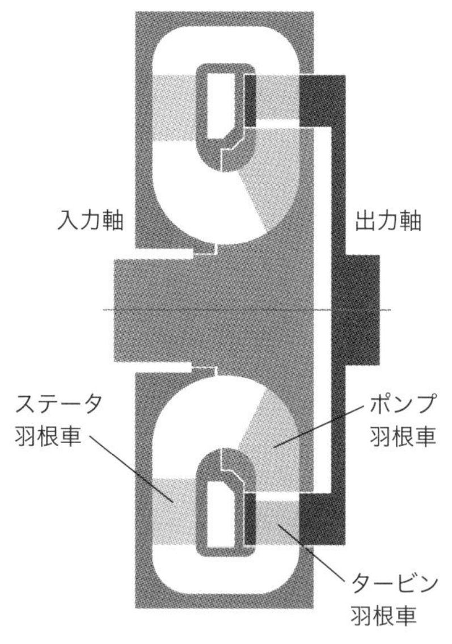

1-5図

明するための概念図であって、油を満たしておくための外箱(ケーシング)や油を溜める部分を省略していると考えていただきたい(本書、以下同様)。

入力軸で回転するのがポンプ羽根車で、エンジンの動力で回転する。引き出し線を引いたところが羽根になっていて、何枚か並んだ羽根の間を油が流れる。油は外周へ放り出されるように流れ、タービン羽根車に入っていく。これが出力軸になっていて、逆転機、減速機を介して車軸につながっている。これも、引き出し線のところが羽根になっている。こちらはポンプ羽根と逆の作用で、油の流れを受けて、回転する。

タービン羽根を出た油は外周のカーブに沿って流れていき、ステータ羽根車に入る。これは、ケーシングに固定されていて、羽根車そのものは回転しない。ただし、羽根には角度がついているので、油の流れの方向(紙面に直角の方向)が変えられる。ステータ羽根から出た油は、再度ポンプ羽根に入っていく。油はこの経路で循環して流れる。

油の流れに沿って、円周上に配列した羽根を展開して断面を描いたのが**1-6図**で、下からポンプ羽根、タービン羽根、ステータ羽根の順に描いている。ステータ羽根を出た油は再び、ポンプ羽根に戻る。ステータ羽根の前後は実際には間隔が開いているが、この図では詰めて描いている。また、ステータ羽根の前後で油の流れが180°回って、ステータ羽根内部では、油は外側から内側へ向かって流れるが、これも平面の紙上に描くために、展開している、と考えていただきたい。

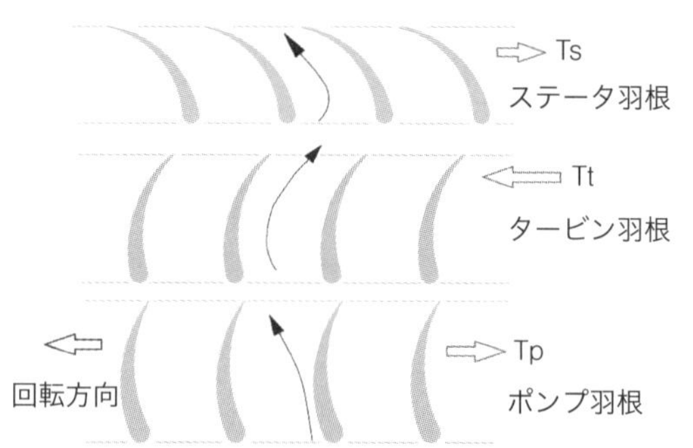

1-6図

写真は、家庭用の換気扇の羽根車であるが、この羽根列を開いたものと考えていただければよい。

羽根車の例
(家庭用換気扇)

ポンプ羽根は回転することによって、羽根列が左に移動(左側矢印の方向)していく。

起動時を想定してタービン羽根は停まっているものとする。

ポンプ羽根が左に移動することによって、油の流れは左に向かって勢いを増し、外へ放り出されるように流れていく。油の抵抗力を受けるので、ポンプ羽根には、右に力Tpが働く。

ポンプ羽根で加速された油はタービン羽根に入る。タービン羽根に入った油は、羽根が止まっているので、羽根に沿って流れ、流れの方向を大きく変える。油の力を受けるので、タービン羽根には、左に力Ttが働く。

タービン羽根で流れの方向を変えられた油はステータ羽根に入る。ステータ羽根に入った油は、羽根に沿って流れ、流れの方向を大きく変える。油の力を受けるので、ステータ羽根には、右に力Tsが働く。ところが、ステータ羽根は固定されているから、油に反力が加わる。

ステータ羽根を出た油は再び、ポンプ羽根に戻る。このときの流れの方向は最初にポンプ羽根に入る流れの方向と一致する。そこで、羽根と油の間の力の関係は下式の通りとなる。

Tt = Tp + Ts

つまり、ステータ羽根で流れの方向が変わることによって加わる力の分だけ、増加した力がタービン羽根に加わる。

次にタービン羽根が動き始めたときを考える。**1-7図**がこのときの油の流れを示している。

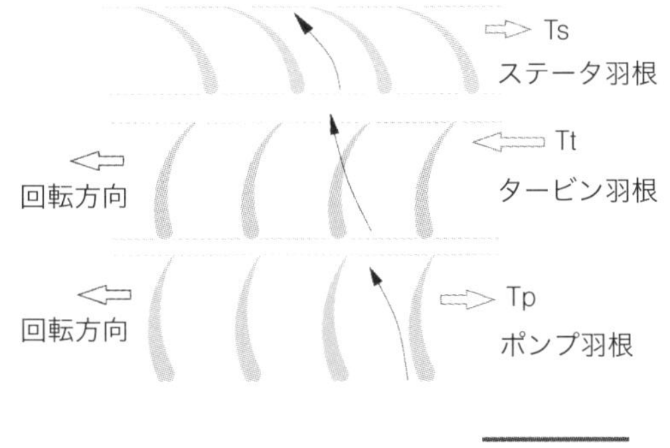

1-7図

タービン羽根が動き始めると（油の力を受けるので、ポンプ羽根と同じ方向に動きだす）、油の流れを**受け流す**ようになる。タービン羽根内での流れの方向の変化が小さくなる。ステータ羽根に入る油の角度もスタート時ほどではなくなり、羽根内部での油の流れの方向の変化も小さくなる。つまり、タービン羽根が動き始めると、

Tt = Tp + Ts

のTsが小さくなって、Ttも小さくなる。タービン羽根が動き始めると、勝手に回転力が低下する。

鉄道車両や自動車のように始動時、低速時に大きな力がほしい機械に適合する特性を持っている。入口(ポンプ羽根)と出口(タービン羽根)の速度差によって、出口側の回転力が勝手に変化するので、外からレバーなどで操作する必要がない、自動変速の特性を持っている。

当然のことながら、登り勾配にかかるなど、車速が低下して、タービン羽根の回転が遅くなると、再びTt、Tsとも大きくなって、出力軸側のトルク(回転力)も大きくなる。入力と出力の回転差が大きいほどトルクが大きく追加される。

また、MTの自動車では、1速発進時、クラッチを半ツナギにする「半クラッチ」という微妙な操作を必要とするが、トルクコンバータでは、油の流れが間に入っているので、このような操作を必要としない。

回転するポンプ羽根が作動油、流体に力を及ぼす、というのは理解できるが、「ケーシングに固定されたステータ羽根が流体に力を及ぼす」ということが「？？？」という方は、台風のときに、外に出ていることを考えるとわかるだろう。

猛烈な風で吹き飛ばされそうになる。こんなときに、家の中に入ると、とりあえず風で吹き飛ばされることはない。家の壁はじっとしていて何もしていないように見えるが、実は家の壁は風に向かって抵抗力を発揮している。風が家の壁を押せば、家の壁は同じ力で風を押し返している。家の壁があるがために、風は方向を変えられている。

ステータ羽根車の役目は、家の壁と同じ。じっとしていて何もしていないように見えるが、ポンプでつくられた油の流れを変えて、ポンプでつくられた以上の力でタービン羽根を押すように働く。ステータ羽根車がケーシングから受ける反力の分だけ、タービン羽根を強く押す。その分だけ回転力(トルク)が増大する。

トルクコンバータがトルクを増大する効能を「増幅」と表現する解説をみることがあるが、「増幅(電子回路の増幅)」という表現には違和感がある。「増幅」というのは、マイクの微弱な電気を町内スピーカーのような大きなラッパを鳴らすように拡大することをいう。電子回路の増幅、というのは、外部からのエネルギ(＝電気)を必要とする。電子回路の増幅器は入力が拡大されて出力に出ているように見えるが、実は入力に比例させて、外部電源の電力を変化させて出力にしている。

これに対して、トルクコンバータはあくまでも入ってくるエネルギを「変換」している。「回転(速度)」のエネルギを「回転力(=トルク)」に変換している。電子(電気)回路でいえば、トランス、変圧器に近い。

電気では、電力(W:ワットという単位)=電圧(V:ボルト)×電流(A:アンペア)の関係にあって、変圧器は、電力一定のまま、電圧と電流の関係を変換する。電圧を2倍にすると、電流は1/2になるという具合。

トルクコンバータは、

動力(kWまたはPSなど)=回転力(トルク:Nmまたはkg-m)×回転速度(rpm)×係数(定数)の関係にある回転力と回転速度の間を変換する(実際には、「×効率」が加わる。これは電気回路の変圧器も同じ)。

ステータ羽根車で流れの方向を変えられた油がタービン羽根車にあたって、タービン羽根車のトルクを拡大するのだが、そのエネルギというのは、ポンプ羽根車によってつくられた回転速度のエネルギそのものであって、他に外部からエネルギをもらっているわけではない。

回転力、トルクだけをみていると、物理の「エネルギ保存の法則」に反して、どこかからエネルギが生み出されているかのように思えるのだが、トルクの拡大は、回転速度がトルクに変換されている、のであって、元々のエネルギの範囲内で相互に変換されているにすぎない。

ストールトルク比

トルクコンバータは、エンジンが発生する回転力(トルク)をコンバータ内部で拡大し、推進軸(出力軸)に伝える、という役目をしている。

トルクコンバータの性能を示す数値として「ストールトルク比」というのがある。これが、コンバータが拡大しうる最大倍数なのである。キハ181のコンバータDW4の場合、3.6とされている。キハ181のエンジンDML30HSが1600rpmで500PSを出したときの出力トルクは224kg-m(注3)で、これを3.6倍して約806kg-mという回転力が、コンバータの出力軸に発生する。ただし、回転速度は0になる。

(注3) 実際には、エンジンの動力の一部は、放熱器ファン、空気圧縮機、充電発電機に取られるので、500PSの動力全部がコンバータに入るわけではない。

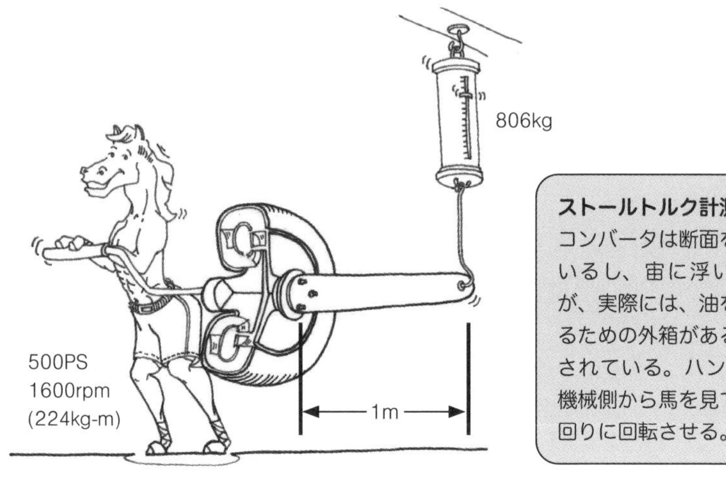

「ストールトルク比」をどうやって測定するのか。

コンバータの出力軸に頑丈なレバー(仮に長さを1mとする)を取り付け、レバーの先にバネばかりのように荷重の測れる計測器を付ける。バネばかりの固定端は頑丈なところに固定する。つまり、出力軸が回らないように固定してしまう。こうして、エンジンを規定の500PS/1600rpm(224kg-m)で回す。レバーは回されようとするから、バネばかりが錘を吊るしたと同じになり、806kgを示せば、レバーの長さが1mだから、回転力は806kg-m、ストールトルク比は806÷224＝3.6倍と計算される。

つまり、ストールトルクとは、停止している列車を引き出すとき、コンバータの出力軸に発生する最大回転力ということになる。

1-8図はキハ82系とキハ181系の公表されている性能曲線をもとに1軸の駆動力を計算してグラフにしたもの。走行抵抗分を差し引いて表示している。キハ

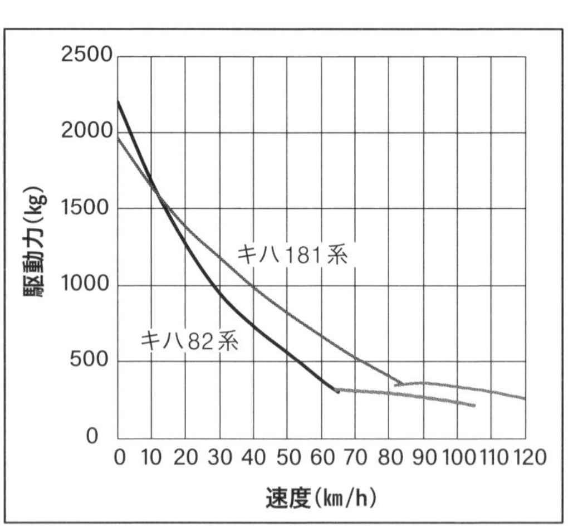

1-8図

181系は1台のエンジンで2軸を駆動しているので、1/2として、1軸に換算している。列車が動き始め、車軸が回転を始めると、回転力(駆動力)が低下していく。

キハ82系の変速機のストールトルク比は約5.3で、キハ181系より大きく、速度0km/hでは、キハ82系の方が駆動力が大きいが、動き出すとトルク比が低下し、約13km/hより速い領域では、キハ181系の方が加速が良いことを示している(注4)。

もし、停車している列車の抵抗がストールトルクより大きければ、エンジンが全出力を出してもコンバータ内では、油がかきまわされるばかりで、列車は動かない、ということになる。

国鉄型変速機の型式記号DWとは？

初期の気動車から特急車両まで幅ひろく使われた変速機TC2(A)、DF115(A)はそれぞれ製造2社のオリジナル品だが、以後、国鉄と製造各社との共同設計となった。これらはDWという型式が付けられている。DWというのはドイツ語の**D**rehmoment**w**andler(ドレーモメントヴァンドラー)の頭文字をとったのだという。Drehというのは「回転」、momentとは英語のモーメントと同じで、Drehmomentで回転力、トルクのこと。ドイツ語では、「モメント」という発音になる。また、続けて一つの名詞として記述する。名詞は文中であっても最初を大文字とする。日本語ではトルクのことを回転力といっているので「力」という概念だが、単位はNm(ニュートンメータ)またはkg-mであって、力とその作用する腕の長さのかけ算だから、モメントと表記するドイツ語の方が理屈に合っている。

Wandlerは変圧器(トランス)の意味があり、ここから、「変換機」の意味で使われている。ドイツ語には、Konverterという語もあるのだが、ドイツ在住の技術の方にきいてみると、ドイツ語では、確かに、流体変速機のことは、Drehmomentwandlerというとのことだった。ドイツ語では、Wの音は、英語のVと同じである。ちなみにVの音は澄んだ音、Fと同じになる。

(注4) 本書**1-8図**とはごくわずか特性の異なる資料もある。キハ181系の食堂車(無動力)を入れているか、キハ82系の先頭車(機関1台)中間車(機関2台)の比率の差と思われる。

ついでながら、古老旋盤工は、旋盤のことをダレー(ドレー)盤という。旋盤から出る切り屑のことをダレー(ダライ)粉という。いずれも、ドイツ語の「回転」を意味するDreh(ドレー)が由来なのだそうだ。

国鉄時代に製作された変速機の型式は表の通り。

型式	車種	機関形式
DW1	キハ60	DMF31HS
DW2(A,B)	DD51,911他	DML61Z
DW3	キハ90	DMF15HZ
DW4(A-F)	キハ91,65,181系他	DML30HS系
DW5	DD54	DMP86Z
DW6	DE10,11他	DML61ZA/ZB
DW7	DE50	DMP81Z
DW8	—	—
DW9	キハ66,67,182	DML30HS系
DW10	キハ40,47,48,183,184	DMF15HS系
DW11	キハ用試作	—
DW12	キハ182,183	DML30HS系
DW13	キハ182,183	DMF13HS系

キハ**は気動車。DD**、DE**は機関車。DW8は製造されておらず、欠番になっている。DW7に続く計画があった?

3 旧型気動車の運転操作は職人技

気動車用の変速機として、神鋼造機(株)製のTC2、新潟コンバーター(株)製のDF115が各駅停車用から特急列車用までひろく使われた。

TC2は、戦前、神戸製鋼所がスウェーデンから技術を導入して試作機を製作し、鉄道車両に搭載して試験した。自動車のMT車と同様の歯車切換式の「機械式の気動車」と比べ、燃料消費量が少々多い(悪い)こと以外は、加速が良い、何両も連結したときに、先頭の運転台から一括運転できる可能性があることが利点とされた。

戦後、1951年に試験を再開したが、このときは、コンバータ内の充填油の空気が抜けていなかったり、クラッチの滑りがあって、良好な成績が残せなかった。が、これらの問題に対応、対策を実施して解決した。

新潟コンバーター製のDF115も少し遅れて、実車試験を実施した。DF115もTC2も元をたどると、原型が同一なので、羽根車の構成は同じ、変速部分の特性はほぼ同じであった。

1-9図はDF115の内部構造(回転部分)の概念図で、この図は、動力が伝達される経路をわかり易くするため、ケーシング(固定部)や軸受などは省略している。案内羽根がケーシングに固定されているので、この部分だけはケーシングを描いている。

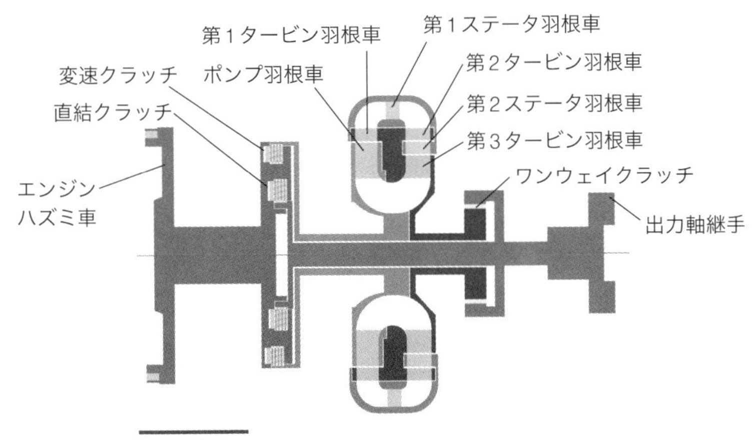

1-9図

左端にエンジンのハズミ車があって、エンジンのクランク軸で回される。この動力は、クラッチに伝えられる。クラッチというのは、摩擦板を使って、動力を伝えたり、切り離したりする機構で、DF115は「湿式多板式」という方式になっている。

摩擦板を何枚か重ねて動力を伝達する機構で、摩擦板の間に油を流すようになっている。図に示すように、摩擦板は外側の部品で回される板と内側の部品で回される板が交互に重ねてある。それぞれの摩擦板は回転しながら、軸方向に移動できるようになっている。摩擦板の一方には摩擦材が両面に貼ってあるが、他方は摩擦材を貼らず、鉄板のままとしてある。通常、こちらを皿型に外側を反らせてつくられていて、クラッチ「切」にしたときに、摩擦面が離れるように考慮してある。間に流れる油の粘性のため、完全に「切」の状態にできず、出力軸が微力であるが、回されてしまう。クラッチ板を押すピストン油圧の上昇をゆっくりにすると、クラッチをつなぐときの衝撃を多少とも緩和することができる。

DF115のクラッチは内周側、外周側、二重になっていて、外周のクラッチがつながっていると「変速」で、エンジンの動力はコンバータのポンプ羽根車を回す。内周のクラッチがつながっていると「直結」で、エンジンの動力はそのまま出力軸に伝わる。どちらのクラッチも「切」にすると「中立」といって、どちらにもつながらないようになっている。エンジン起動の際や駅で長時間停車するときにはこの位置にする。自動車の“N(ニュートラル)”のポジションと同じ。コンバータは走り始めで回転力を拡大する効果があるのだが、速度が上がると、回転力が低下して、元のエンジンよりも低下してしまい、無駄になる。そこで、DF115、TC2では、摩擦板クラッチを使って、コンバータを切り離して、車軸とエンジンをつないでしまう。これを「直結」といっている。

DF115とTC2は、このクラッチが異なっている。TC2のクラッチはMTの自動車のクラッチと類似で、「乾式単板クラッチ」と称する方式となっている。1枚の摩擦板が空気圧で動くピストンロッドで押し付けられたり、離れたりして、動力を伝達したり、切り離したりする。TC2も、摩擦板がどちらにも押しつけられない位置があって、「中立」のポジションがある。

図の中央あたりに陸上競技場のトラックのように描かれているのが、コンバータ部分で、6個の羽根車で構成されている。図は断面を描いているので、立体的にはドーナツのような形状をしている。

右端が出力部で、自在軸を介して、台車に装架された逆転機に接続される。ここには、ワンウェイクラッチが備えられている。「ワンウェイクラッチ」というのは、決まった回転方向にだけ動力を伝える機構で、一般の自転車の後輪に付いている機構を思いうかべていただくとわかり易い。自転車の機構は「フリーホイール」というが、「ワンウェイクラッチ」と同じ意味である。

運転台のレバーを操作して「変速」にすると、エンジンの動力でコンバータの羽根車(ポンプ羽根車)が回り始める。クラッチの操作は、運転台の操作が電気指令で各車両の機械に伝えられるので、各車両ごとに運転員が乗る必要がない。

トルクコンバータは「変速機」というから、レバーか何かが出ていて、これを操作するのか、というと、何も操作するところはない。前項で解説の通り、自動変速の機能をもっている。

コンバータのポンプ羽根車が回ると、充填された油は外へ放り出されるように流れる。**1-9図**の上部では、陸上競技場のトラックを時計回りに流れ、下部では反時計回りに流れる。ポンプ羽根車を出た油はすぐ外周に設置された第1タービン羽根車を回す。この後、最外周の第1ステータ羽根で流れの方向を変えられて図中の右半分の羽根車へと流れていく。こちらは外から内へと油が流れて、第2タービン羽根車→第2ステータ羽根車→第3タービン羽根車と順に流れて、再び、ポンプ羽根車へと戻る。タービン羽根車が出力軸につながっていて、車軸が回される。

羽根車は全部で6車、このうちタービン羽根車が第1から第3まで3車ある。羽根車を「要素」、タービン羽根車を「段」といって、DF115/TC2の構成を3段6要素型といっている[注1]。

内部に充填される油は、当初、軽油を使っていた。軸受など、各部の潤滑には別系統の潤滑油を充填していた。油の「漏れ」があって、少しずつ両者が混ざってしまうという問題があった。その後、軸受の潤滑ができて、羽根車内にも充填できる油が開発されて、両系統の油を一つにまとめて、この問

(注1) 最新の気動車用変速機は、「変速1段直結4段」などの表記をしている。これは、4段切換えの歯車変速機を内蔵していることを意味している。流体変速機の3段6要素、という表記の3**段**とは意味が異なる。

DF115変速機外観
(新津鉄道資料館)

題を解消した。この油が今も自動車の自動変速機に使われるATF(オートマチックトランスミッションフルード)の原型である。これに対応して、TC2A、DF115Aと型式にAを付けるようになった。(注2)

運転台の操作で、エンジンの出力を上げていくと、車両が動き出す。各車両のエンジンの速度制御も電気的な遠隔操作になっていて、運転台で操作すると、一斉に同じ回転速度、出力になる。

コンバータに自動変速の機能があって、動き出しは大きな力で車両を動かす。何台もあるエンジンの回転速度や出力の多少の調整誤差はコンバータの流体で吸収される。

気動車が運行されていたローカル線は上下列車で線路を共用する単線区間が多く、駅を出発すると、分岐器(ポイント)を渡って、単線区間に入っていく。

分岐器では、たいてい速度制限があるので、制限速度以下になるよう、エンジンの出力を下げる。エンジンの回転速度が低下して、コンバータ内の油の流れる速度も低下する。このとき、コンバータのタービン羽根車の出力側に装備したワンウェイクラッチが作用して、タービン羽根車が低速回転となっても空回りして、エンジンブレーキがかかることはなく、自動的に惰力運転となる。自転車の後輪と全く同じなので、イメージしやすいだろう。

車両が分岐器を渡り終えると、再びエンジン出力を上げる。コンバータの変速作用によって、加速していく。

車速が上がると、「変速」運転から「直結」運転へと切り替える。一旦、エンジン出力を下げる。このときもワンウェイクラッチが作用するので、エ

(注2) TC2の"T"は、タービン羽根の3段(Triple)の意味なのだそうだ。1段は"S"、2段は"D"と付けられている。TC2の"2"は容量をあらわしている。なので、TC2の前にTC1がつくられていたのか、というと、TC1というのはない。

ンジンブレーキがかかることはない。運転台の操作で、**1-9図**の左端、変速機のクラッチを「変速→中立→直結」へと切り替える。

容易にわかる通り、「直結」では、車軸とエンジンとが接続されるので、中立→直結に入れる際には、車速に応じてエンジン回転速度を上げておく必要がある。車軸側の回転速度とエンジン回転速度が合致していると円滑にクラッチがつながる。車軸側の回転速度は速度計で見当がつくが、エンジン回転速度は回転計が装備されていないので、判然としない。エンジンの音を聞いて、操作したのだとか……。

4 どちら向きも前進

自動車のバックギヤは、車庫に入れるときなどに使用する。バックで延々と走って行くことは想定していない。これに対し、電車や気動車は、終点駅に着いた後、そのまま逆方向に戻っていく。前後どちらへも同じように走って行けるようにつくられている。

初期のTC2、DF115を搭載した気動車は、これらの変速機に逆転機が装備されていないので、台車内の動輪部分に逆転機を備えている。

1–10図は、台車の逆転機の動力伝達の概念を示した図である。車輪と車軸、歯車だけを描いて、軸受やこれらの機構を収めるケースは省略している。また、台車は2軸4輪であるが、駆動しない方の車輪、車軸も省略している。

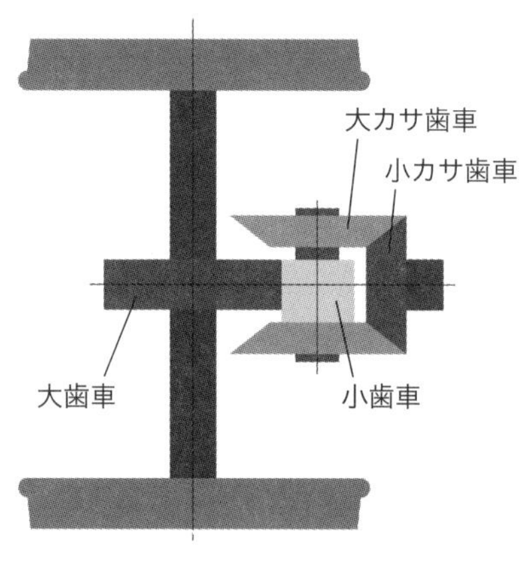

1–10図

エンジン、コンバータの出力軸は、この図の右側の推進軸で接続されている。推進軸がこの図の右端の小カサ歯車を回すようになっている。この小カサ歯車に大きいカサ歯車2個が向かい合わせて噛み合っている。この2個の大カサ歯車の間の軸は歯車を支えているだけで、回転しない。軸と大カサ歯車の間にベアリングがあって、2個の大カサ歯車は相互に逆方向に回転する。

2個の大カサ歯車の間には小歯車があって、動輪の大歯車と噛み合っている。

2個の大カサ歯車の中には、小歯車と同じ歯数の内歯歯車が切ってある。小歯車には上からフォーク状の金具が嵌まり込んでいる。

この金具は圧縮空気で動くピストン・シリンダ機構で左右に動くようになっていて、小歯車を2個の大カサ歯車の内歯歯車のどちらかに嵌めるようになっている(図では下のカサ歯車に嵌っている。フォーク状の金具は省略している)。

向かい合った2個の大カサ歯車はお互いに逆回転するので、小歯車がどちらの大カサ歯車の内歯と噛み合うか、によって、動輪の回る方向が変わる。

動輪の大歯車の歯数はキハ17、20、55すべて41であったが、特急型のキハ80では36にした。

これらの歯車の歯数の比率を歯数比といい、下表に数値を示す。回転速度を低下させるので、減速比と記載する解説もある。

エンジン出力軸が1500rpmで回転し、変速機が直結のとき、右端の小カサ歯車も1500rpmで回る。それぞれの軸の回転速度を計算すると、下表のようになる。

	キハ17、20、55他一般車 歯数比＝2.976	キハ80他特急車 歯数比＝2.613
	回転速度(rpm)	回転速度(rpm)
変速機出力軸	1500	1500
動輪	504	574

動輪径を公称径の860㎜(0.86m)とすると、車体の速度は、

一般車では、

504×(0.86×π)×(60/1000)＝82(㎞/h)

特急型では、

574×(0.86×π)×(60/1000)＝93(㎞/h)となる。

大歯車の軸はそのまま動輪なので、台車枠との間には軸バネがあって、乗客の多少によって台車枠との間の寸法が変わる。また、線路の継ぎ目や分岐器を通過するときにも、相互の間隔が変わるので、逆転機を台車枠に固定することができない。

逆転機は台車枠から腕を出して吊ってあり、重量の一部は動輪で支えられている。このために、逆転機は車軸からの振動、衝撃を受ける。

自動車の車軸を駆動する最終減速機を含む装置のことを「ディファレンシャル」という。自動車の場合、左右の車輪が1本の軸でつながっていると、曲線をまわったときに車軸がネジ切れてしまう。そこで「差動機」というシカケを組み込んでいる。この差動機のことをディファレンシャルあるいは略してデフギアという。ここに減速歯車も一緒に組み込んでいる。自動車

の左右の車輪は1本の軸でつながっているわけではない。

鉄道車両の場合は、左右の車輪が1本の軸でつながっていて、差動機というシカケをもっていない。したがって、鉄道車両の最終減速機はディファレンシャルではないし、デフギアでもない。

また、「カサ歯車のことをディファレンシャルという」のだと思っている方もいるように見受けられるが、カサ歯車はベベルギヤという。

左右の車輪が1本の軸でつながっていても、鉄道車両が曲線を何の問題もなく曲がって行けるのは、曲線では左右のレールの間隔がわずかに広げてあることと、車輪が外へ向かってテーパー(円錐の一部)になっているから。

車輪は直進しようとするから、曲線では外側に振られて外側の車輪は大きい直径の部分で回り、内側の車輪はわずかに直径の小さい部分でレールの上をころがって、曲線を無理なく、なめらかに曲がっていく。

減速機外観
上部に切替えシリンダ、空気ホースが写っている。
(新津鉄道資料館)

逆向きにつないでも引張りあいをしないわけ

気動車、ディーゼルカーはそれぞれの車両ごとにエンジン、変速機、逆転機を備えている。特急用車両の中には、運転台のない車両もあるが、たいてい3～4両で両端に運転台を備えるように編成されている。一方、各駅停車の車両はたいてい片側一方に運転台を備えている。中には「両運転台」といって、両端に運転台を備えた車両もある。

かつて、日本全国をくまなく走っていた急行列車は片側運転台の車両を多用して、どこを切っても(分割しても)、同じ顔が出てくる、金太郎飴のようになっていた。電化していない支線の末端までそのまま走って行ける、というディーゼル車の特性を生かして、途中で切り離して支線に入って行ける。分岐駅での乗換え不要、という直通列車がたくさん運転された。(注1)

当然のことながら、先頭の運転台で操作すると、最後尾まで一斉に動き出す。それぞれの運転台に一人ずつ運転手が乗っていて、動かしているわけではない。

先頭の運転台から最後尾まで、電線が何本も通してあって、エンジンの燃料噴射量の加減や変速機のモード(変速・中立・直結)切替えを電気指令で動かしている。だから、先頭の運転台で操作すれば、末端まで一斉に動き出す。逆転機も同様で、先頭の運転台で「前」と操作すれば、最後尾まで全車、同じ方向に走っていくように逆転機が作動する。

ところが、実際の車両を見ていると、編成中には、逆向きに連結されている車両もある。逆向きに連結された車両は、その車両の「逆転」の側に逆転機が作動していないと、他車と同じ方向に走っていかない。

1-11図は、1，2号車は左向き、3号車は右向きに連結されている例を示し

(注1) 中部地区では、名古屋発串本行き「紀州3号」、奈良行き「かすが2号」という併結列車があった。関西本線亀山で分離して「紀州3号」は新宮方面へ、「かすが2号」は奈良方面へ向かう。「紀州3号」は京都方面から草津線を通って亀山に着いた「くまの」串本行きを連結した。

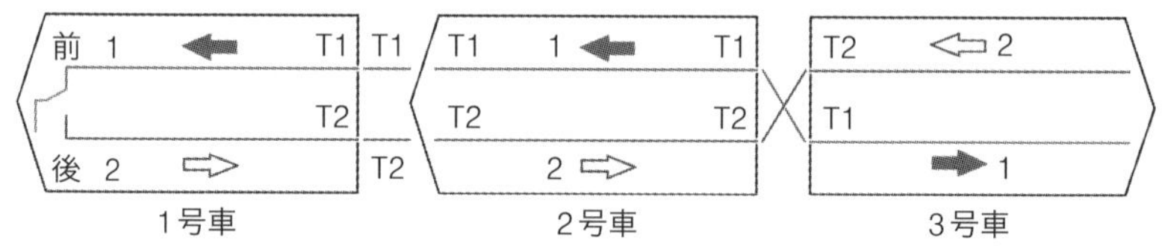

1-11図

ている。終点の駅に着いたとき、運転手は1号車から3号車に移れば、そのまま逆方向に走って行くことができる。蒸気機関車のように方向転換する転車台を必要としないし、機関車を反対側に付け替える必要もない。

車両それぞれに電線を通して、先頭の運転台の指令が各車両に電気で伝わるようになっている。この図は、単純に電線を通した場合。説明の都合で、電線に番号を付ける。運転台のある側を「前」とし、1線に切換え(電圧をかける)たとき、前向きに走るものとする。2線に切換えたとき、逆方向に走るものとする。車両前後に端子を設けて、それぞれ端子T1,T2とする。車両を連結したとき、それぞれの端子T1-T1，T2-T2を接続する。

先頭1号車で、「前」操作して、1線側をONにする。3号車まで、全部の車両の1線に電圧がかかって、そこにつながれた逆転機が作動する。1，2号車は同じ方向を向いているので、各車の「前」方向、この図の左向き、塗りつぶし矢印の方向となる。ところが、3号車は逆向きに連結されている。このため、1線に電圧がかかると、この車両だけは図の右向きに逆転機が作動してしまう。当然のことながら、これでは具合が悪い。

誰でもすぐに思いつくのは、各車両にスイッチを設けておいて、逆向きの車両は「逆向き」にスイッチを切替えておく、という方法。ただ、このような方法は「間違い」を起こし易い。

そんな「スイッチ」があるのだろうか、と気動車の逆転機関連の配線図を調べると……、車体の前後で、前後進の配線が入れ換わっていて、前側の線番4に対し、後側の線番は5になっている。当然のことながら、前側の線番5に対し、後側の線番は4になっている(実際の車両の線番は4, 5である)。

「はてさて、こんな接続して良いのか？」とよくよく見ると、車両の間を接続する電線(ジャンパ線という)の両端が、線番4と線番5と接続されている。車体で配線を入れ換えて、接続する電線で配線を再度入れ換えてある。

これで、いったいどうなるのか、**1–11図**と同様の編成で逆転機配線を描いたのが、**1–12図**。実際の線番は4，5なのだが、ここでは、説明のために線番1，2とする。アラ不思議！左向きの車両(1，2号車)は線番1に、右向きの車両(3号車)は線番2につながって、単純に接続していくだけで、同じ方向に走っていく。

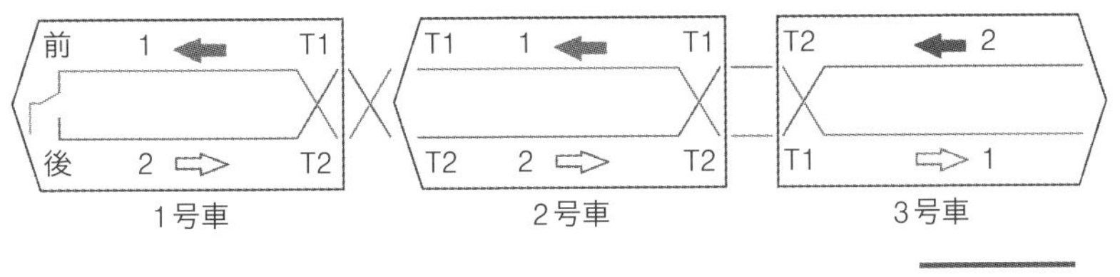

1–12図

このような「設計上の考え方」というのは重要で、余計な操作をせずに、単純に電線コネクタをつないでいくだけで所望の動作をする、というように考えるのが、設計者の役目、だといえる。

なお、逆転機が正常動作していないと、機械破損の重大事故につながるので、逆転機の状態を表示する回路があって、「全車、所定の動作しています」ということを最後尾の車両までチェックして、先頭の運転台で、ランプ表示するようになっている。これも、各車点検に行かずとも、各車両間を接続する電線でチェックするようにできている。

写真は高山本線の急行「のりくら」。先頭2両(右2両)は背中合わせに、後部3両(左3両)は中間に運転台のないグリーン車をはさんで、背中合わせに連結されている。このグリーン車のように運転台のない車両も同様で、前後で配線を入れかえてある。**1–12図**の2号車の運転台がないものと考えればよい。もちろん、両運転台の車両も同様である。

高山本線飛騨金山―焼石
急行「のりくら」
(1986年撮影)

120km/hで走るには

ディーゼルの列車に乗ると、エンジンが唸りを上げるのは、発車するときばかりで、速度が乗ってくると、エンジンの音が意外に静かなのに気がつく。

そこで、鉄道車両が平坦線を一定速度で巡航しているときの所要動力について計算してみる。

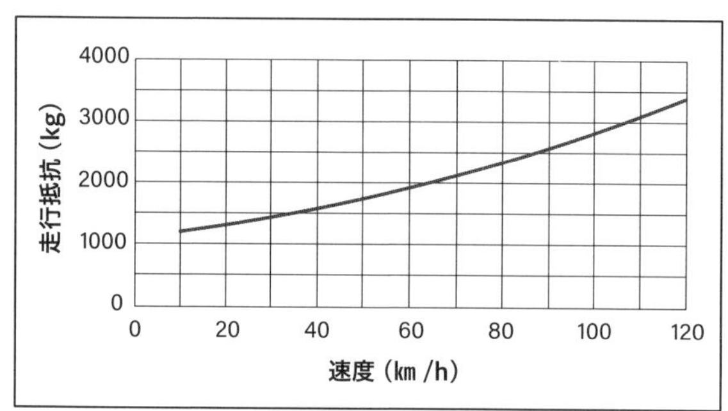

1-13図

1-13図は、特急「しなの」のキハ181系、動力車8両付随車(食堂車)1両の合計9両約440tを運行したときの走行抵抗を示したもので、平坦線での運行時を想定している(出典:『鉄道車両ハンドブック』(久保田博、グランプリ出版)の計算式(注1)を用いて算出、グラフは筆者作成)。

このグラフによると、平坦線を120km/h(2000m/min)で走行したとき、走行抵抗3400kgとなっている。動力車8両で駆動軸16軸なので、この抵抗を均

(注1) 走行抵抗(気動車)の計算式は下記の通り、
$R = (24.5 + 0.182V) \times M + \{0.264 + 0.077(n-1)\} \times V^2 (N)$
V：速度(km/h)　M：全重量(t)　n:編成両数
計算の結果の単位(N)はニュートン。グラフは、この計算式の結果を÷9.8として旧単位のkg表示にしている。

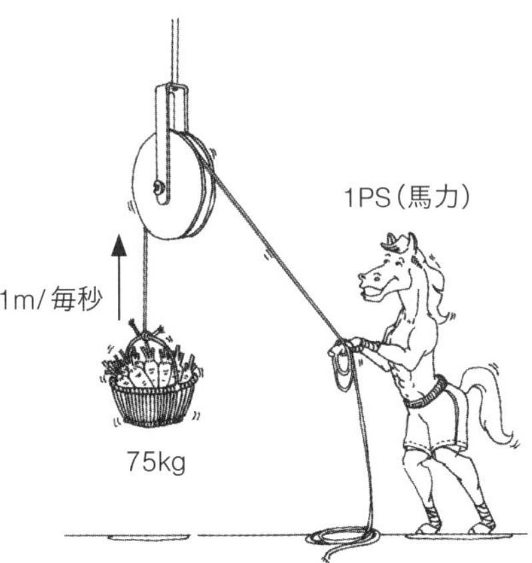

等に負担するものとすれば、

3400(kg) ÷ 16 = 212.5(kg)

車輪径860㎜(半径0.43m)とすると、1軸あたりの回転力(トルクという)は、

212.5(kg) × 0.43(m) = 91.38(kg-m)

1両に1台のエンジンを積んで、台車2軸を駆動するので、2軸分として、

91.38 × 2 = 182.8(kg-m)

変速機は「直結」となっている条件であって、機関から車軸までの歯数比が2.413なので、機関トルクは、

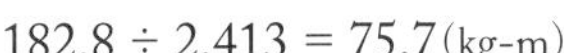

182.8 ÷ 2.413 = 75.7(kg-m)

となる。

このときの機関回転速度は、

2000(m/min) ÷ (0.86 × π) × 2.413 = 1786(rpm)

動力、回転力、回転速度の間には、

動力(kW) = 回転力(N-m) × 回転速度(min^{-1}) ÷ 9553(SI単位)

動力(PS) = 回転力(kg-m) × 回転速度(rpm) ÷ 716.2

の関係がある(注2)。この式から、動力(PS)は、

(75.7 × 1786) ÷ 716.2 = 189(PS)

となる(注3)。

この計算は、動力伝達系の効率を考慮していない、つまり、軸受の摩擦や

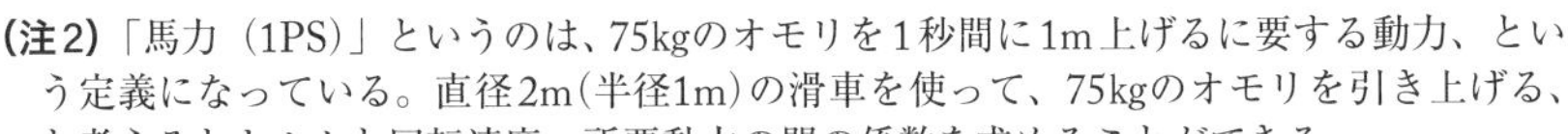

(注2)「馬力(1PS)」というのは、75kgのオモリを1秒間に1m上げるに要する動力、という定義になっている。直径2m(半径1m)の滑車を使って、75kgのオモリを引き上げる、と考えるとトルクと回転速度、所要動力の間の係数を求めることができる。
この係数は(75 × 60)/2π = 716.2となる。計算式は、
((トルク:kg-m) × (回転速度:rpm)) ÷ 716.2 = (動力:PS)
この計算式は、本書では以後も頻繁に使っている。
SI単位では((トルク:N-m) × (回転速度:min^{-1})) ÷ 9553 = (動力:kW)
馬の絵を描いているが、馬1頭の出す力を1馬力というわけではない。

(注3) まわりクドい計算をしているが、実は、120km/hでの計算は、
車軸トルク182.8(kg-m) × 車軸回転速度740(rpm) ÷ 716.2 = 189(PS)
車軸トルク1793(N-m) × 車軸回転速度740(min^{-1}) ÷ 9553 = 139(kW)
で計算しても同じ。

歯車などの動力損失を考慮していない。伝達系の動力損失は比較的小さく、5%とすれば、

189(PS) ÷ 0.95 = 199(PS)

となって、200PS程度の動力があればよい。

キハ181系のエンジン出力は500PSではないのか……、実は、鉄道車両にしろ、自動車にしろ、一定速度で運行しているときの所要動力というのは、この程度ということ。小型の乗用車が一定速度で運行している時の所要動力は大略10PS前後だそうだ。キハ181系特急車両が120km/hで走行することなど、大して負担にはならない。

車両の速度が、所定の速度に達すれば、運転台の主幹制御器を操作してエンジンの出力を絞る。定速走行時には、こうして、200PS程度の動力にして平衡状態になって一定の速度が保たれる。

もし、エンジンの回転速度が上がりすぎた場合には、運転台の主幹制御器のハンドル位置に関わりなく、エンジンに装備されたガバナが自動で燃料噴射量を減らして、回転速度が上がりすぎないようにする。

なお、自動車のガソリン機関が全力出すのを一般に「フルスロットル」という。スロットルというのは「絞り弁」のこと。絞り弁を全開にするので、このような表現をする。

ディーゼル機関は、空気を全量取り込むので絞り弁がない。ディーゼル機関の場合は、燃料噴射量を調整するのに直線状に歯を切ったラックという機構を使って、これを目一杯に押し込んだとき全出力となる。そこで、ディーゼル機関が全力出すのを「フルラック」という。

同様に、他の速度について計算すると、結果は下表のようになる。80km/hぐらいで運行するために必要な動力は100PS程度にすぎない。

車速	km/h	80	100	120
全走行抵抗	kg	2300	2800	3400
車軸トルク(2軸)	kg-m	123.6	150.5	182.8
車軸回転速度	rpm	493	617	740
機関回転速度	rpm	1191	1489	1786
機関トルク	kg-m	51.2	62.4	75.7
機関出力	PS	85	130	189

ならば、鉄道車両の公称出力○○PSというのは、意味がないか、というと、加速していくときには、大出力のエンジンは威力を発揮する。また、急勾配を登るような場合にも威力を発揮する。

「余力」があるから、車両が加速できるのであって、もし、120㎞/hで走行するのに、500PSの動力を要するとするなら、120㎞/hという速度に到達することができない。充分な余力があれば、短時間で速度を上げることができる。

上の計算はあくまでも、平坦線路を一定の速度で走った場合、という想定であることを忘れてはならない。

鉄のレールと鉄の車輪では空回りする

機関出力180PSのキハ80系は台車2軸のうち、1軸だけを駆動した。これに対し、出力500PSの機関を搭載したキハ181系は推進軸でつないで、台車2軸の両方、2軸を駆動した。

キハ181系が2軸駆動にした効能を「駆動力」という概念で解説する。

車両を動かす「駆動力」

駆動力というのは、モータや内燃機関が発生する「力」が源となっている。

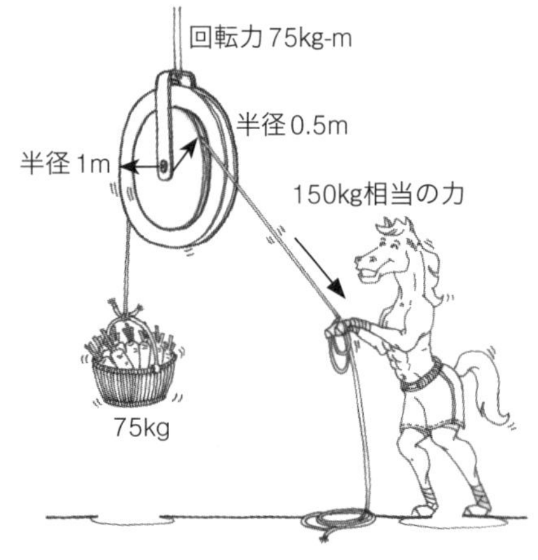

大小2個の滑車で荷物を持ち上げることを考える。小さい滑車にロープを巻きつけてこれを引っ張る。

モータや内燃機関が発生する「力」は軸が回転することによって生ずるので、「力×回転半径」で表わされる「トルク(回転力)」という表現を使う。

持ち上げる荷物のロープにかかる力は、「このトルク÷大きい滑車の半径」で計算できる。

鉄道車両の場合も同様(当然のことながら、自動車や自転車の車輪も同じ)で、「トルク÷車輪の半径」がレールと車輪の間に発生する「駆動力」、車両を前に進める力となる。

ただし、鉄道車両の場合は、鉄のレールと車輪の間の摩擦が問題となる。

ゴムのタイヤとアスファルトの路面に比べるとはるかに滑り易い(摩擦係数が小さい)ので、容易に空転してしまう。

そこで、鉄のレールと車輪の間の摩擦を考える。

キハ80系の中間動力車の重量は41.2トン、キハ181系の中間動力車の重量は41.4トン、あまり細かい計算をしても意味がないと思われるので、どちらも42トンと仮定する。

この重量が4軸に均等にかかるものとすれば、軸重は42 ÷ 4 = 10.5(トン)ということになる。

鉄道車両の車輪が空転する限界というのは、上記の「軸重×摩擦係数」で単純に計算できる。

鉄と鉄の間の摩擦係数μは物性値であって、大体μ = 0.5ぐらいをみてよいらしい。

ただし、この数値は乾燥した状態、間に水や油がない場合であることはいうまでもない。鉄道車両の場合は、雨で濡れている場合もあるわけで、μは一定しない。それでは、計算にならないので、通常μ = 0.3で計算している。

このμ =0.3で計算すると、

10.5(トン) × 0.3 × 1000 = 3150(kg)

ということになる。これが、空転の限界であり、これより大きな力(トルク)で車輪を回そうとしても空回り(空転)してしまう。(注1)

次に車両に搭載したディーゼル機関がどれだけの駆動力を出せるのか計算してみる。

ただし、この計算では、機関の補機動力の損失、伝達系の損失は考慮しないものとする。

キハ80系の機関DMH17Hの最大出力が180PS/1500rpmなので、トルク(回転力)を計算すると、85.9kg-m(841N-m)となる。

前項6で解説の、

動力(PS) = トルク × 回転速度 ÷ 716.2　の式を変型し、

トルク(kg-m) = 動力 ÷ 回転速度 × 716.2

で計算する。

180 ÷ 1500 × 716.2 = 85.9(kg-m)となる。

(SI単位では132(kW) ÷ 1500 × 9553 = 841(N-m))

(注1) 鉄道模型をやっている方は、モータの付いている動力車に鉛の錘を載せないと、いくら強力なモータを使っても、空転するばかりで他の車両を牽引できないということを経験的に知っていることだろう。

トルクコンバータのストールトルク比(起動の際にトルクを拡大する最大倍数)5.3なので、起動時のコンバータの出力トルクは、

85.9 × 5.3 = 455.3(kg-m)(4457N-m)

コンバータ出力軸から車軸までの間に減速歯車があって、この減速比は、2.613

この減速歯車で、トルクは増加して、車軸のトルクは、

455.3 × 2.613 = 1189.7(kg-m)(11647N-m)

となる。

車輪の径860㎜なので、半径0.43m。車輪がレールを押して前に進む力が駆動力であって、これは、

1189.7 ÷ 0.43 = 2767(kg)(27086N-m)

となり、摩擦係数から計算した空転限界3150kg＞エンジンの駆動力2767kgなので、空転することはない。

次に、キハ181系の場合を同様に計算してみる。

キハ80系の場合と同様の計算なので、比較し易いよう表にまとめてみる。

	キハ80系	キハ181系
機関最大出力	180PS	500PS
機関回転速度	1500rpm	1600rpm
機関トルク(回転力)	85.9kg-m	223.8kg-m
ストールトルク比	5.3	3.6
減速比	2.613	2.362
車軸トルク	1189.7kg-m	1942.7kg-m(2軸分) 971.4kg-m(1軸分)
駆動力	**2767kg** **※約2200kg**	**2259kg**(1軸分) **※約1960kg**
空転限界	**3150kg**	**3150kg**(1軸分)

表の※印は本文(61ページ)参照

キハ181系では、車軸トルクが2軸に均等に分かれるものとして、1軸分を1/2として計算している。いずれも、エンジンの駆動力は、摩擦係数から計算した空転限界を越えていないので、空転することはないという結果になった。もちろん、レールと車輪の間の摩擦係数が低下すれば、空転する。

もし、キハ181系を1軸駆動としたならば、これが逆転して、エンジンの駆動力の方が大きくなって、空転限界を越える動力で回すことになり、空転する、ということになる。大出力の機関を搭載しても、その能力が充分発揮できない、ということになってしまう。

実際の運転を見ていると、駅を出発するとき、ブレーキを緩めて、短時間のうちに機関全出力と思われる爆音を発して加速していく。車両が動き始めるとコンバータのトルク比は低下(ストールトルク比3.6以下に低下)するが、1軸駆動ならば、条件によっては、空転するかもしれない。

表の駆動力の欄に※印で示した数値は、性能曲線から計算した数値で、エンジン周辺の機器に喰われる動力や摩擦で失われる動力を差し引いている。

浮き上がらないリニアモータカー

1960年代、筆者が小学生の頃、学校の図書室で読んだ本に、世界の鉄道事情が書かれていて、「フランスでは、時速300㎞以上の高速試験をした」ということが紹介されていた。当時、鉄のレール上を鉄の車輪で走行する方式では、走行抵抗が増加するのと、摩擦係数が低下するので、350㎞/hぐらいより高速では、車輪が空回りしてしまうのだ、と書かれていた。小学生には、「摩擦係数」といわれても何のことかわからなかったはずだが、鉄道には高速の限界があるのだ、ということだけは何となくわかった。そこで、車輪の摩擦に依存しない方式として、日本の国鉄は「リニアモータ」というのを考案、研究しているのだ、ということが書かれていた(参考文献不明)。

リニアモータカーというと磁気で浮上するのだ、と思っている方が多いのではないだろうか。リニアモータカーというのは、回転するモータと鉄の車輪の摩擦で動くのではなく、車体と地上に設置した電磁石の間に働く磁力の吸引、反発を利用して車体を動かすのを原理としている。なので、車体を支える車輪があって、浮き上がらなくても、広い意味でのリニアモータカーなのだといえる。実際にこれを実用にしたのが、大阪地下鉄の長堀鶴見緑地線で、他にも各地に同様の地下鉄がつくられている。車輪は車体を支えるだけで、車輪を回すためのモータは付いていない。回転するモータを仕込む必要がないので、この部分を小さくすることができる。トンネルの断面を小さくすることができるので、地下鉄には都合が良い。また、鉄の車輪の摩擦に依存しないので、急坂も登ることができる。これも地下の構造物を避けて建設しなければならない地下鉄には都合がよい。

山梨県の実験線で実用化の研究を続けている高速のリニアモータカーは、車体に超伝導磁石を取り付け、地上に電磁石を延々と設置している。

地上に電磁石を設置するには設備費がかさむのと超伝導も設備費がかかるので、地下鉄は電磁石を車体に取り付けて、地上には銅またはアルミ板を設置する。各家庭に設置されている電気のメータの中では、ほんの少し前まで、アルミの円盤が回転していた。この円盤が回転するのと同じ原理で地下鉄も動いている。

なお、日本の新幹線もフランスの鉄道も300km/hを超える速度で運行されており、はるか遠い昔の「350km/hが限界なのだ」という定説は覆されているものと思われる。

燃費・リッター何km走るのか（気動車特急「白鳥」の燃費）

鉄道のディーゼル車両が1リットルの燃料で何km走行できるのかは、興味をひく問題のようである。一般に自動車の「燃費」というと、1リットルの燃料で何km走行できるのか、ということを問題にする。

エンジン屋が「燃費」という場合は、1PS(1kW)1時間あたり何グラムの燃料を消費するか、で表示する。この数値は、1PS(1kW)1時間あたりに換算しているので、「熱効率」と同等の数値になる。自動車の「燃費」数値は、3ナンバーの大柄な車体と軽自動車では、まるで異なる数値を示すが、エンジン屋の「燃費」は、巨大タンカーのエンジンも鉄道車両のエンジンも熱効率、という点で比較のできる数値となる。

また、回転速度と出力に左右され、最大出力点が最良燃費とは限らないが、通常、最大出力点の近くに最良燃費点がある。エンジンを低出力点で使うと、燃料消費量は減るが、出力も小さくなるので、「燃費」の1PS(1kW)1時間あたりの燃料消費量(グラム)は増えて、熱効率という点では悪化する。

自動車の燃費は、アクセルを踏み込まず、低回転、低出力の方が良くなる傾向にあるが、これは、本章6で解説の通り、自動車が一定速度で運行しているときの所要動力がわずかで済むから。「1PS(1kW)1時間あたり」という指標にするのとは相当な差異が生ずる。

ディーゼル車両が走行しているときのエンジンの音を注意してきいているとわかる通り、ディーゼル車のエンジンが唸りをあげるのは、駅を発車するときと登り坂にかかったときであって、惰力でコロがしているときや下り坂では、静かに回っていて、燃料使用量が少ないことがわかる。

したがって、「1リットルの燃料で何km走行できるのか」というのは、特急、急行か各駅停車か、あるいは、山越え区間があるか、という条件で異なる。当然のことながら、山越え区間があれば、燃料を多く必要とする。電気車両は下り坂でモータを発電機代わりにして発電し、架線に電気を返す、という芸当ができるが、ディーゼル車両が下り坂に入ったからといって、エンジンから燃料が湧いて出る、ということはない。

気動車特急「白鳥」の燃費を計算してみる

長距離のディーゼル列車で筆頭にあげられるのが、金沢、新潟、秋田を経由して大阪、青森間を運転していた特急「白鳥」であろう。1972年10月、この区間の全線の電化が完成し、電気車両に変わったが、これ以前は、キハ82系で運行されるディーゼル列車であった。

ディーゼル特急の頃の時刻(1972年8月時刻表による)は下記の通り、

4001D　大阪 9：10→青森23：55

4002D　青森 4：55→大阪19：30

参考に青森から先の連絡船、接続列車の時刻も記載する。

青森　0：10→函館　4：00 /　4：45→札幌 8：55 / 9：00→釧路14：55

釧路14：20→札幌20：00 / 20：05→函館 0：20 / 0：40→青森　4：30

青函トンネルはできていないので、青森～函館は連絡船による。函館から、釧路発着の特急列車に接続していた。青森の発着時刻が世間一般の感覚からずれているのは、連絡船との接続を想定しているから。函館から先の特急は「おおぞら」といって、これもキハ82系の車両で運行された。

大阪～青森間の営業距離1059.5㎞、下り14時間45分、上り14時間35分、グリーン車2両、食堂車1両、合計13両、全車指定席の「特急列車」というにふさわしい存在であった。運転台のある車両が4両組み込まれていて、この車両だけは発電機を積む都合で、走行用エンジンが1台、他の車両は2台のエンジンを積んでいた。合計22台のエンジンで走行する。

北陸線長浜付近を走る青森行き特急白鳥
(1972年9月撮影)

この列車が1回の運行でどのくらいの燃料を消費するか、強引に計算してみる。

計算の結果を表にする。大阪→青森の4001Dで計算している。

時刻表から、駅間距離と所要時間がわかるので、これから平均速度が求められる。この速度から駅間の常用速度を考え、この速度での走行抵抗(13両編成分)を走行抵抗の線図(**1-14図**)から推定する。

走行抵抗は『鉄道車両ハンドブック』(久保田博、グランプリ出版)の計算式によって計算、全重量は600tと仮定した。

走行抵抗からエンジンに必要な動力が計算できるので、これをエンジン台数22台で割ると、エンジン1台あたりの動力が求められる。本章6で解説のキハ181系の場合と同様に、このグラフから一定速度で運行しているときの所要動力を求める。このときのエンジンは定格出力180PSを出していない。90㎞/hの速度を保つに必要な動力は約53PSにすぎない。

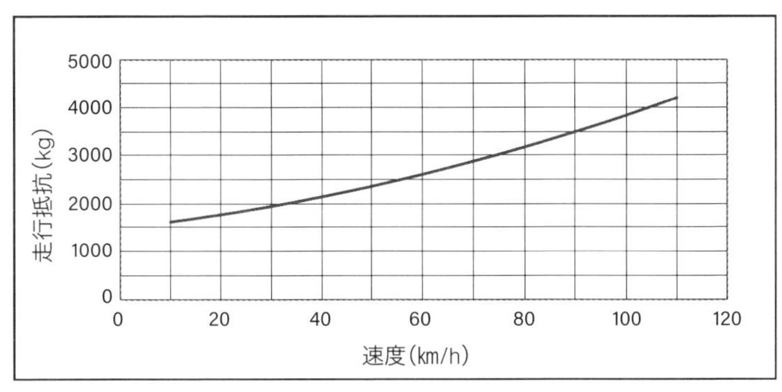

1-14図

この動力(PS)は時間あたりの熱量(kcal/h)に変換することができる。軽油1kgを燃やしたときに発生する熱量は10300kcalということになっている。これから、どれだけの軽油があれば、この動力が出せるか計算できる。ただし、軽油を燃やして発生する熱量全部が動力になるわけではない。

ディーゼルエンジンの熱効率は、30～35%といわれている。これは、最良点での値で、定格180PSのエンジンの30～50PSあたりの熱効率はかなり低下する。また、エンジンから変速機、減速機などの機器でも動力損失が生ずるし、空気圧縮機やラジエータファンにも動力を喰われる。そこで、熱効率を15%と仮定して計算する。この結果は1時間あたりの熱量なので、駅間の所要時間をかければ、駅間運行に必要な軽油の量を計算することができる。なお、軽油1リットルの重量は0.85kgとして計算している。

常用速度 (km/h)	走行抵抗 (kg)	所要動力 (PS)	熱量換算 (kcal/h)	軽油量換算	
				kg/h	ℓ /h
70	2880	33.9	21440	13.9	16.3
80	3170	42.7	27010	17.5	20.6
90	3490	52.9	33460	21.7	25.5

次に、加速に要する燃料を計算する。停車駅を発車して所定の速度まで加速するのに必要となる燃料である。これは、高校物理の運動エネルギの計算式[$1/2mv^2$]を適用する。mは質量で、ここでは13両編成の総重量600tを適用する。vは速度で、90km/hならば、90000 ÷ 3600 = 25(m/s)で計算する。通過駅での減速、加速は考えないものとする。

これで求めたエネルギも熱量(kcal)に変換することができる。これも軽油の量に換算する。この場合は、エンジンの定格180PSに近いところを使うので、熱効率を25%と仮定する。物理の運動エネルギの計算は、摩擦がない、という前提であるが、「走行抵抗」の計算で各部の摩擦を計算しているので、「計算済」と考える。

最後に勾配区間を越えるのに要する燃料を計算する。大阪から青森までは、日本海の海沿いを走っていくので、坂はない、ように思えるが、地図で経路をたどると何ヶ所か、山越えしているのがわかる。これは、国土地理院の地形図から読みとる。大阪を出て、京都は標高約30m。東山トンネル、逢坂山トンネルを抜けると琵琶湖岸へ出る。琵琶湖の湖面は標高85mなので、線路は標高90mとする。白鳥がディーゼル特急だった頃は、湖西線が開通していなかったので、米原から北陸線に入り、琵琶湖北部の山を越えて、敦賀へ出ていた。この山越えが深坂トンネルで標高約150m。深坂トンネルを出ると敦賀へ坂を下り、日本海側に出る。

敦賀から北陸トンネルを抜けて、今庄へ出る。北陸トンネルの今庄側出口の標高は約170m。

この先はしばらく大きな山越えはなく、石川、富山県境の倶利伽羅（くりから）峠が標高約60m。

長岡の手前の塚山越えが標高約90m。最後に青森の手前、秋田、青森県境が矢立峠で、標高約190mとなっている。他、50m程の山越えを計算した。

これらの勾配区間についても、高校物理の位置エネルギの計算式[mgh]を適用する。ここでもmは質量で、gは重力加速度9.8m/s^{2}とし、hは高さ(m)なので、上記標高をそのまま適用する。このエネルギも運動エネルギと同様に熱量に変換して、軽油に換算する。勾配を登る際も、エンジンの定格180PSに近いところを使うとして、熱効率を25%と仮定する。勾配を下る際には、動力を使わずに速度を維持できるはずだが、ここでは、考慮しないことにする。

停車駅	駅間距離(km)	所要時間(分)	平均速度(km/h)	計算速度(km/h)	所要動力(PS)	軽油消費量(ℓ)		
						定速	加速	勾配
大阪	-	-	-	-	-	-	-	-
京都	42.8	30	85.6	90	52.9	12.7	1.1	1.1
米原	67.7	48	84.6			20.4	1.1	2.2
敦賀	45.9	36	76.5	80	42.7	12.3	0.9	2.2
福井	54.0	43	75.3			14.7	0.9	6.2
加賀温泉	34.4	25	82.6	90	52.9	10.6	1.1	
金沢	42.3	30	84.6			12.7	1.1	1.8
高岡	40.7	30	81.4			12.7	1.1	2.2
富山	18.8	14	80.6			5.9	1.1	
直江津	117.8	86	82.2			36.5	1.1	
長岡	73.0	61	71.8	80	42.7	20.9	0.9	3.3
東三条	23.2	19	73.3			6.5	0.9	
新潟	40.1	35	68.7	70	33.9	9.5	0.7	
鶴岡	140.7	123	68.6			33.5	0.7	
酒田	27.5	22	75.0	80	42.7	7.5	0.9	
羽後本荘	62.0	59	63.1	70	33.9	16.1	0.7	1.8
秋田	42.8	35	73.4	80	42.7	12.0	0.9	
東能代	56.7	45	75.6			15.4	0.9	
大館	47.5	38	75.0			13.0	0.9	
弘前	44.2	38	69.8			13.0	0.9	6.9
青森	37.4	34	66.0	70	33.9	9.3	0.7	2.2
(合計)	1059.5					343.6		

こうして、得られた燃料使用量は、エンジン1台分343.6リットルとなる。
エンジン1台にそれぞれ、550リットルの燃料タンクを装備していた。往復は無理、としても、約60%ほどの使用量となり、途中で補給の必要なく、充分な容量の燃料を積んでいたことがわかる。
1リットルの燃料で何km走るのか、ということでは、
1059.5(km)÷343.6(ℓ)≒3.1(km/ℓ)
ということになる。
『鉄道車両ハンドブック』(久保田博、グランプリ出版)に「180PS機関では0.2〜0.4ℓ/kmの消費」(筆者注:2.5〜5km/ℓ)という記述がある。「仮定」の多い計算だが、外れた結果ではないだろう。

照明・空調の電気をどうしているか

遠い昔、蒸気機関車が客車を引いていた頃は、客車の室内灯は車軸で発電機を回して電力を得ていた。駅で停車したときに電灯が消えては具合が悪いので、蓄電池を積んで充電していた。

冷房装置を動かすほどの電力は得られないから、冷房なし。暖房は機関車から蒸気を分けてもらっていた。だから、客車牽引用の電気機関車やディーゼル機関車は「蒸気発生器」と称するボイラを備えていて、客車に蒸気を供給していた。

写真は、亀山駅で発車を待つ紀勢本線串本まわりの天王寺行き各駅停車。先頭のディーゼル機関車のまわりから暖房用の蒸気が漏れている。

生活水準の向上とともに、冷房装置が当然のようになって、車両の電力事情が変わってきた。

電車は架線から電力を得ているから、比較的容易に対応できる。

客車やディーゼルカーはディーゼルエンジンで発電機を回す電源装置を積んで、冷房装置に電力を供給することにした。

ディーゼル特急や客車(臨時列車用や編成を途中で分割する寝台列車など)には、水平直列6気筒のDMF15HS-G(またはDMF15H-G)機関で駆動する発電機を編成中の何台かの床下に分散して積み、電力を供給した。

亀山駅で停車中の天王寺行き各駅停車。ディーゼル機関車から暖房用の蒸気が漏れている。
(1979年撮影)

1968年10月から運転を開始した特急「しなの」(名古屋–長野)は9両編成で、運転台のある先頭車両(両端)の床下に発電機を積んで必要な電力を供給した。

旧型の特急用車両キハ82も、運転台のある先頭車両の床下に、水平直列8気筒のDMH17H-Gで回す発電機を積んで必要な電力を供給した。

長距離特急の発電用燃料

金沢、新潟、秋田経由の大阪–青森間の特急「白鳥」(キハ80系)は13両編成で、両端だけ先頭車両にすると、発電機が不足するので、中間の2両に先頭車両を組み込んでいた。

特急「白鳥」車両の発電機は1台125kVAで3～4両の車両に電力を供給した。エンジン出力は160PSで燃料消費率は200g/PS-hと公表されている。電力負荷を70%と仮定(注1)すると、1時間あたりの燃料消費量は、

160 × 0.2 × 0.7 = 22.4(kg/h)

軽油1リットルの重量を0.85kgとすると、

22.4 ÷ 0.85 = 26.4(ℓ/h)

大阪-青森間の所要時間は約14時間半であるが、始発駅に入る前に冷暖房を効かせておかなければならないので、仮に1時間半前に起動すると、16時間稼動させなければならない。

26.4 × 16 = 422(リットル)

の燃料を1回の運行で消費する。燃料タンクとして800リットルを積んでいるので、仮に豪雪で遅れても、10時間以上、平気で延長稼動できる。

なお、単位kVAは、「キロボルトアンペア」と読み、交流電力の表記に使われる。

(注1) 空調装置も常時全負荷、というわけではない。起動直後は電力を多く必要とするが、温度が保たれるようになれば、使用電力を減らすことができる。そこで、燃料消費量の計算では、平均負荷、として70%と仮定した。また、燃料消費率200g/PS-hという数値は通常100%負荷の場合であって、70%負荷の場合は多少悪化する。ここでは、悪化しないものとして計算した。

発電用エンジンはどこが違うのか

発電用の機関は走行用の機関と構造的には同一であるが、回転速度を調整する機構が異なっている。

走行用のエンジンは、運転台の操作指令によって、規定の回転速度、出力になるよう燃料噴射量を決めている。ただし、回転速度が上がり過ぎると危険なので、このようなときには自動で燃料噴射量を減らすようになっている。この機構を「調速機(ガバナ)」といって、燃料噴射ポンプに付属して、燃料噴射量を自動で加減する。走行用のエンジンの回転速度の調整機構については、3章2で解説している。

これに対し、発電用のエンジンは、走行用のエンジンとは関連がなく、独立して動いている。回転速度は、使用する電力に関係なく常時一定回転を保つようになっている。発電機用の調速機は「定速調速機(コンスタントガバナ)」といって、電力使用量に関わりなく常に発電周波数60Hzとなるよう、一定回転1800rpmを保つ。1200rpmまたは1500rpmのエンジンもある。(注2)

蒸気機関車が盛大に煙を吹き上げるのは駅の出発時と登り坂のときだけのように、鉄道車両が動力を必要とするのは、意外に限られているので、走行用の機関は平均すると負荷が軽い。

これに対し、発電用の機関は営業に入ると、常時、電力を供給しなければならない。

春、秋の気候のいい頃は負荷が軽いが、冷房が必要となる夏は過酷である。走行中はもちろん、駅で停車中もフル稼働である。しかも、周囲はうだるような暑さ。停車中は走行風が入らないから、当然、ラジエータも能力一杯である。発電用機関の過酷さは、「ローギヤで立体駐車場の急な坂道を登り続けるようなもの」である。

なお、ディーゼル鉄道車両の電源は交流電力で、その周波数は一部で50Hzもあるが、原則的には、どこへ行っても60Hzである。ディーゼルエンジンで回す発電機の発電周波数は回転速度で決まる。

キハ181ではDMF15H-GまたはDMF15HS-Gで発電機を駆動し、

(注2) 発電機は440V60Hzの三相交流発電機。三相というのは、3本の電線で送電する方式で、空調機のモータを回すのに都合が良い。また、変圧器を使って、電圧を無駄なく変換できる。三相交流については、3章7で詳しく解説している。

1800rpm、4極の発電機を搭載している。

キハ80系の発電機はDMH17H-Gで駆動する。回転速度は1200rpmで、回転速度が遅いので、6極の発電機を使うことで、60Hzを得ていた。

一部の車両(急行用気動車や客車)では、3000rpmのエンジンを使っている発電機もあった。この場合は2極の発電機で、50Hzを発生するようになっている。

いずれにしても、家庭用の電源とは独立しているから、走行区間と電源周波数とは関連がない。

関東、東北方面(50Hz地区)へ行っても、ディーゼルカーや客車の照明やクーラの電源は60Hzであったり、関西、九州方面(60Hz地区)へ行く車両の電源が50Hzであったりする。

1編成中の何台かの発電機が全部、電線でつながっているか、というと、そうではない。発電機の発生する電力に応じて、編成中3～4両ごとに区切って、それぞれの区間に1台ずつ発電機を割り当てて送電している。

発電機は交流発電機なので、2台以上の発電機を接続するには、交流出力の周波数と位相を合致させる必要がある。理科の実験でやるように電池を並列につなぐようにはいかない。交流の位相を合わせるには、位相差を検知する装置があれば可能で、「自動同期装置」といって、自動で周波数と位相を合致させる機構もあるが、鉄道車両用の多くの発電装置には装備されていない。

紀勢本線を走る特急「くろしお」(名古屋－天王寺)。この車両は前部ボンネット内にディーゼル発電機を収納している。
(1975年撮影)

直接噴射式は最新技術なのか

鉄道車両の機関として、予燃焼室式のディーゼルエンジンが多く使われてきた。ローカル線のディーゼルカーから特急車両にも広く使われたDMH17H(シリンダ径130㎜)やディーゼル機関車用のDMF31SB、DML61Z系(シリンダ径180㎜)、そして、キハ181系特急車のDML30HS系、キハ40系のDMF15HS,HSA(シリンダ径140㎜)も予燃焼室式からスタートした。

ディーゼル機関の歴史を調べていくと、120年以上前(1897年)、発明されたディーゼル機関は、空気圧縮機を装備しなければならなかった。ピストン・シリンダ機構で高圧に圧縮された空気の圧力に打ち勝って、燃料を細かい霧状にして供給するには、圧縮空気の助けを必要とした。

いくつか並んだピストン・シリンダ機構の一つを空気圧縮機にするものもあった。その後、空気圧縮機を装備しなくて済むように、シリンダヘッド側に空気室を設けて同じ効果を得ようとしたのが予燃焼室式、ピストン側に空気室代わりの凹みを設けたのが直接噴射式となった。予燃焼室式を考案したのはベンツ社(ドイツ)で、直接噴射式を考案したのはMAN社(ドイツ)であった。ベンツは高級乗用車の製造で日本では馴染みである。MAN社というのは、Maschinenfabrik Augsburg Nürnberg(マシーネンファブリック・アウグスブルク・ニュルンベルク)社の頭文字を並べた社名で、正式にはM.A.N.社で、ドイツ語読みすると「エムアーエヌ」であるが、本国(ドイツ)でも「マン」で通用する。日本語にするなら、アウグスブルク・ニュルンベルク・機械工場となる。アウグスブルク、ニュルンベルクはドイツ南部の都市名。

予燃焼室式の類似の方式として渦流室式(かりゅう)(渦室式(うずしつ)と解説する書籍もあり、どちらも同じ方式)という方式もあって、乗用車のような1シリンダ0.5リットル前後の小型機関に使われていた。

予燃焼室式、渦流室式など、別室を設ける方式を総称して機関屋は「副室式」といっている。直接噴射式の対義で「間接噴射式」というかと思うと、さにあらず、機関屋は間接噴射とはいわない。逆に、直接噴射式を「単室式」という場合がある。

予燃焼室式とは

予燃焼室式というのは、シリンダヘッド内に燃料を燃やす別室を設ける方式で、エンジン設計の教科書には、圧縮時容積の25 〜 40%ぐらいの容積の別室を設けることが多い、と書かれている**(1-15図、写真)**。ピストン・シリンダで形成される主燃焼室との間を噴口(ふんこう)という部品で区切って、ここにいくつかの穴をあけて、主燃焼室と予燃焼室との間を空気と燃焼ガスが行き来するようにしてある。予燃焼室に燃料噴射ノズルがあって、燃料は予燃焼室内に噴射される。

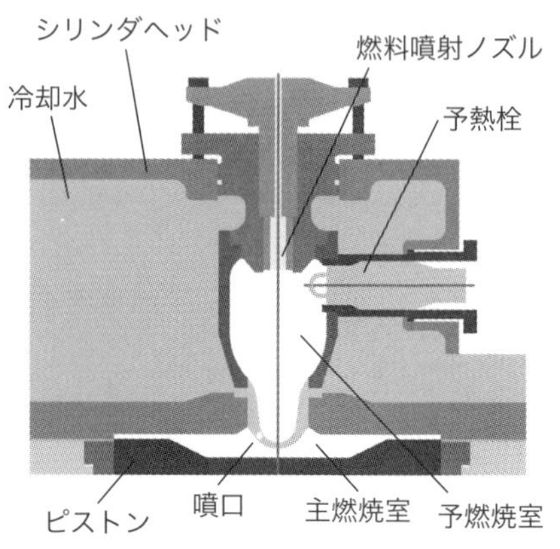

1-15図

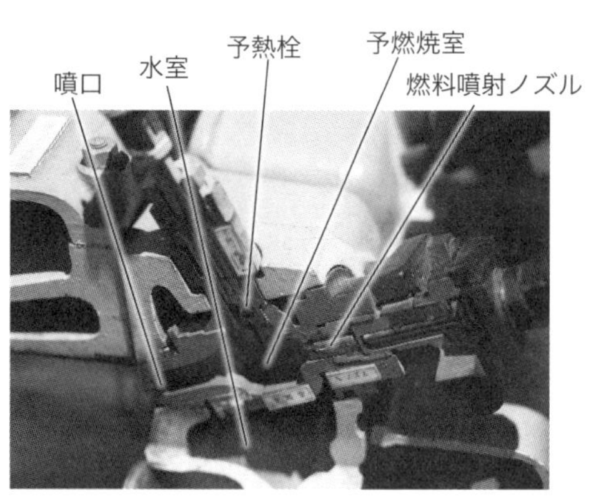

DMH17H予燃焼室
(新津鉄道資料館)

写真は、DMH17Hディーゼル機関の予燃焼室部分を切断して構造がわかるようにしたもの。

予燃焼室の周囲はシリンダヘッド内の水室が取り囲んでいて、水冷になっている。始動の際、燃料の燃焼を助けるために予燃焼室には予熱栓(グロープラグ)といって、電熱線を入れて、空気を温めるようにしてある。始動のときだけ通電し、通常運転時は電源切りになっている。

ピストンが下死点を過ぎて、圧縮行程に入ると、予燃焼室内には、噴口の小穴を通して圧縮されて高温となった空気が強い乱流となって流れ込んでくる。この高温でかき乱された空気中に燃料を噴射する。噴射された燃料油滴は表面から蒸発し、空気中の酸素と化合(燃えるということ)する。燃焼ガスとなって、体積が増え、まだ燃えていない油滴の芯の部分ともども、噴口の小穴から主燃焼室へと吹き出していく。

主燃焼室には、燃焼に使われていない高温空気(酸素)が残っており、噴口から吹き出して乱流となった燃料油滴と混ざり合って燃えて、高温高圧となった燃焼ガスがピストンを押す。

直接噴射式とは

一方、直接噴射式の場合は、ピストンの上部に凹みが設けてある(1-16図)。ω型の凹みを設けて中央に噴射ノズルを置いている。

圧縮されて高温となった空気中に燃料を噴射して燃やすのだが、シリンダ径の小さい小型の機関では、噴射ノズルから飛び出した燃料油滴が燃える前にピストンの壁に到達してしまい、細かくしたはずの燃料が塊になって、蒸発、着火してくれない。

シリンダ径が800㎜も900㎜もあるような船舶用の大型機関ならば、燃料油滴が燃焼室の壁に到達する前に燃えてくれるので、エンジンとして成立する。

小型機関では、燃焼室の容積に対し、燃焼室の表面積が相対的に大きくなり、圧縮された空気の温度が下がって着火しにくい、という見方もできる。

直接噴射式は最近の技術だと思っている方がいるかもしれないが、冒頭で説明の通り、ディーゼル機関開発の歴史の上では、副室式と殆ど同時に考案された方式である。大型機関では、直接噴射式というのが常識である。

小型機関で「直接噴射式」を成立させるためには、燃料油滴を微細にして、ピストンの壁に到達する前に着火させなければならない。そのために噴射ノズルの穴径を小さく、噴射圧力を上げる。噴

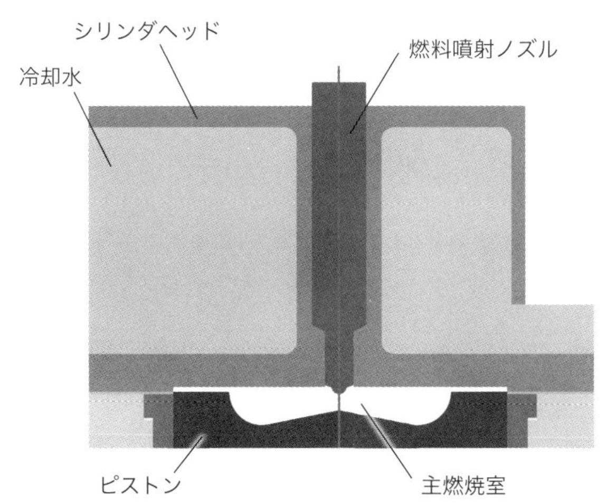

1-16図

射ノズルの穴径を小さくしただけでは、燃料の供給量が減って、出力が出ない。

燃焼に必要な空気も燃料との混合を良くするために適度な乱流をつくるようにする。ピストンが上死点に達したとき、ピストンとシリンダヘッドとのスキマを小さくすると、このスキマの空気が燃焼室の凹みの中に押し出されてくる。スキッシュ流といって、空気流の大きな乱れをつくることができる。燃料を噴射する上死点付近で得られるので、効果が大きい。

予燃焼室の燃焼噴射ノズルは、予燃焼室に向かって真っ直ぐに燃料を噴いているが、直接噴射式の燃料噴射ノズルは、横に4〜6個ぐらいの孔をあけて放射状に燃料を噴射する。円錐形に噴射された燃料の中心部分は空気(酸素)不足となって燃えにくい。

そこで、吸気弁に案内羽根のようなものを付けたり、シリンダヘッドの吸気ポートの形状を工夫して、燃焼室内に適度な旋回流をつくるようにした。これはスワールといって、空気と燃料の混合を良好にする手法として、研究されてきた。旋回流によって燃料油滴が燃焼室の壁に達するまでの距離を延ばしている、という、見方もできる。吸気行程で旋回流をつくっても、燃料を噴射するまでの間に弱まってしまう、吸気の抵抗になる、といった問題があるが、1960〜70年頃の文献に研究成果が発表されているのを見ることができる(『内燃機関』(山海堂))。この成果により、シリンダ径140㎜ぐらいまでは、直接噴射式が可能となった。ただし、DML30HS開発の1960年代には、シリンダ径140mmぐらいの機関は予燃焼室式が主流であった。最近の自動車に採用されている蓄圧式(コモンレール)や電子式の燃料噴射ではなく、従来の純機械式の機構で直接噴射式を実現していた。

予燃焼室式は、主燃焼室での燃焼が穏やかで、燃焼ガスの圧力上昇が緩やかなのが特徴とされている。窒素酸化物(NOx:大気汚染物質)の生成も直接噴射式より少ない、とされている。その一方で、予燃焼室で燃えた燃料は直接ピストンを押していないので、動力の無駄になっている。これは、直接噴射式と同じ出力を出すためには、余分の燃料を必要とする、ということで、燃費(燃料消費率)の悪化となる。

ここまでの解説で、「燃焼室を直接噴射式にさえすれば、良い機関ができる」のか、というと、そうコトが単純ではないということがおわかりいただけるだろうか。1957年に製造が始まった初期のディーゼル機関車DF50に使われたエンジンは、シリンダ径が250㎜で比較的大径なので、直接噴射式だった。が、燃料消費率は予燃焼室式より少し良い程度だった。

長い間、直接噴射式を採用しなかったのはなぜか

燃焼を良好にした直接噴射式の機関は始動性も良い。冷却水が冷えた状態でも、一発始動する。これに対し、予燃焼室式は始動性で劣る。予燃焼室に予熱栓を付けて温めているのだが、それでも、噴霧された燃料油が燃焼室の壁に残ってしまうのであろう。冬の始動時にはモクモクと白煙を吐くのを旧式の鉄道ディーゼル車(DMH17車)を見たことのある方はよく知っていることだろう(この白煙が目に沁みるのだ)。また、これら、旧式の車両が使われていたローカル線では、末端の小駅で、朝の1番列車のために、一晩中、機関停止せず、アイドリングで回し続ける、ということも実施されていた。

直接噴射式機関を鉄道車両ぐらいの大きさに小型化する(といっても1シリンダの排気量2リットルぐらい)には、燃料噴射の機構の技術進歩が欠かせなかった。上述の通り、噴射ノズルの穴を小さくして燃料油滴を微細化する必要がある。容易にわかる通り、噴射ノズル先端の材料も硬度の高い材料を必要とする。硬度の足りない材料でノズルを作っても、通過する燃料に削られて穴が広がってしまうであろう。硬い材料に小さな穴をあける工作技術が進歩して初めて可能となった。

そして、今ひとつは、フィルタが進歩したことも欠かせない。技術の進歩で、噴射ノズルの小孔の加工ができたとしても、燃料にゴミが混入していたら、噴射ノズルの穴が詰まってしまう。

予燃焼室式と直接噴射式とは、燃焼室の形状が違うだけではない。噴射ノズルの形状も異なっている。予燃焼室式の噴射ノズルは、穴径が直接噴射式より大きくて済む、というだけでなく、微細なゴミ程度なら平気、というノズルが使えた、というのも特徴であろう。

最近、国内では、ディーゼルの乗用車は人気がなく、以前ほど市中で見かけなくなった。30年ほど前、ディーゼル車がいくらか走っていた頃、「都市伝説」のようにいわれていたのが、「遠くへ出かけるときは、行った先で軽油を給油するのが良い」という説。とくに、寒い時期に寒い地区で販売されている軽油は、微妙に成分が違うのだ、といわれていた。実は、「都市伝説」

ではなく、冷えると固化する成分があって、これが、フィルタを詰まらせることがある。直接噴射式が実用となるには、燃料を精製する技術の進歩も欠かせない。

国鉄時代のディーゼル車はいつまでも旧式の予燃焼室式の機関を使っていた、と酷評されている。しかし、もし、早期に直接噴射式に切り換えて、燃料フィルタが詰まる、噴射ノズルが詰まる、これが原因で早朝の始動ができない、運行途中に車両が停止してしまうとしたら、どうなるか。

車両の運行を確実にするため、燃費が悪い、旧式といわれても予燃焼室式を使うのが「安全策」であったと考えるべきだろう。

一方、国鉄時代のディーゼル車用機関を製造していた各社が何の技術開発もしてこなかったわけではない。1980年代、製造各社、これら各種の問題を解決し、直接噴射式機関の研究をし、自家発電など鉄道車両以外の用途として直接噴射式機関を製造していた。また、当時「メカトロニクス」といって、今ではあたりまえの電子制御の研究、実験もやっていた。製造各社の自家発電の機器には、電子制御が実用として使われていた。

本章8(63ページ)で解説の通り、エンジン屋は、1PS(SI単位では1kW)、1時間あたり何g(グラム)の燃料を使用するか、を燃費＝燃料消費率という。実際の数値を下表に示す。

DML30HS(キハ181他・シリンダ径140mm)、DML61Z(DD51他・シリンダ径180mm)とも、予燃焼室式で、最良点(回転速度、出力により変化する)で、175～185g/PS-hの燃料消費率であったが、1980年頃の同程度の規模の機関で、直接噴射式ならば、155g/PS-h前後であった。舶用大型機関では125g/PS-hというのもあった。舶用大型機関の燃料はボイラのバーナで燃やすような油を使う。燃料が異なるので、条件が違うのだが、同じ燃料として強引に計算すると、熱効率は下表のようになる。

機関形式	燃料消費率		熱効率※
小型予燃焼室式	175g/PS-h	238g/kW-h	35.1%
小型直接噴射式	155g/PS-h	211g/kW-h	39.6%
大型直接噴射式	125g/PS-h	170g/kW-h	49.1%

※燃料の発熱量10300kcal/kgで計算した。

単位換算　1PS = 1.36kW　1kW = 860kcal/h

計算例：238g/kW-h

0.238(kg) × 10300 = 2451(kcal)

2451(kcal) ÷ 860 = 2.85(kW-h)

(1(kW-h) ÷ 2.85(kW-h)) × 100 = 35.1(%)

高山本線特急ひだ：直接噴射式エンジンを駆動源とする車両。
(2015年撮影)

2章

革新機構テンコモリ・キハ181系

団体専用列車として運転されるキハ181系。
（紀勢本線）
（2001〜2002年撮影）

ホントに “エンジン”トラブルだったのか

特急列車が運転されている「幹線」といわれる多くの路線が電化されて、電気を動力とする電車が主流になっている。ところが、50年ほど前までは、特急列車そのものが少なかったし、電化されていない路線も多かった。名古屋から木曽谷を通って塩尻(～東京)までの中央本線、塩尻から長野までの篠ノ井(しののい)線は、途中の中津川、塩尻間、松本、篠ノ井間が電化されていなかった。

1968年10月、名古屋・長野間の特急「しなの」としてキハ181系ディーゼル特急の運転が始まった。試作車のキハ90、91を元祖とするシリンダ径140mmのDMF15HS、DML30HSは、このキハ181系にDML30HSCが採用されて本格的な営業運転に入った。本章では、このキハ181系の動力機構を詳しく解説する。

総排気量29.56リットルで500PSという出力は機関車DD13のDMF31SBの総排気量30.54リットル、500PSと同等で、床下機関としては外国製の機関にもあまり例がない大きさ(気動車の特急車両というのは他国に例が少ない)であった。

今もDML30HSと同等の床下装備用の大型機関はごく少ない。

実運転に入ってみると、故障が多く、整備、修理に苦労した、という。多くの解説で、「エンジントラブル」とされているが、最も多くの問題を抱えていたのは、DW4C変速機の方であろう。

2-1図は、『ディーゼル』(1970.4.)に掲載された「キハ181系気動車の検修のあれこれ」の記事中の円グラフである(印刷原稿の都合で元図とは図の形が異なるが、記載事項は原文のまま)。「44年度上期故障状況」と題したグラフで、1969年度上期のエンジンと変速機に関わる故障の件数を計数している。変速機の不調が62.2%を占めている。エンジン関係他は37.8%。GEエンストのGEは発電用機関のこと、と思われる。

変速機関係のうち、「逆抜」というのは、逆転機の歯車の噛合せが外れる不調のこと。「直不調」「変不調」というのは、直結機構、変速機構の不調の意味。直結機構については次項で解説する。

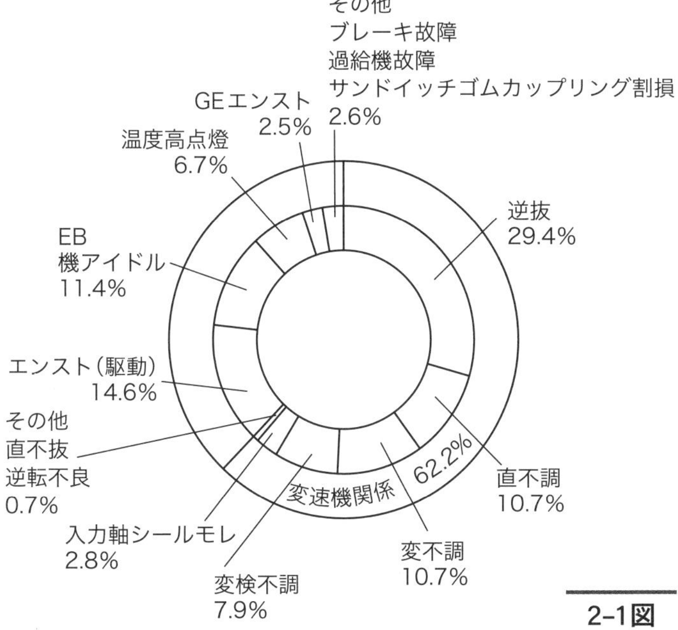

2–1図

(筆者注)原文(図)では印刷のかすれ(と思われる)で小数点が不明瞭になっている。筆者判断により追記した。原図では「温度高点燈」の数値が記載されていない。他から逆算し、数値6.7%を追記した。また、変速機関係62.2%以外については空欄になっている。空欄部は「機関関係他」37.8%と推定する。

逆転機・方向転換するシカケ

変速機DW4Cには、2つの大きな弱点があった。

その一つは、逆転機だった。

従来の気動車用の逆転機は変速機TC2A(神鋼造機製)やDF115A(新潟コンバーター製)に逆転機構がないので、台車の減速機に逆転機が組込まれていた。この機構については、1章4で解説の通り。最終減速機の小歯車が軸方向に移動して、同歯数の外歯車と内歯車との噛み合わせを変えることで回転方向を変えるようになっている。

これと同じ機能をもつ逆転機構を変速機内に組み込むには、正転するため

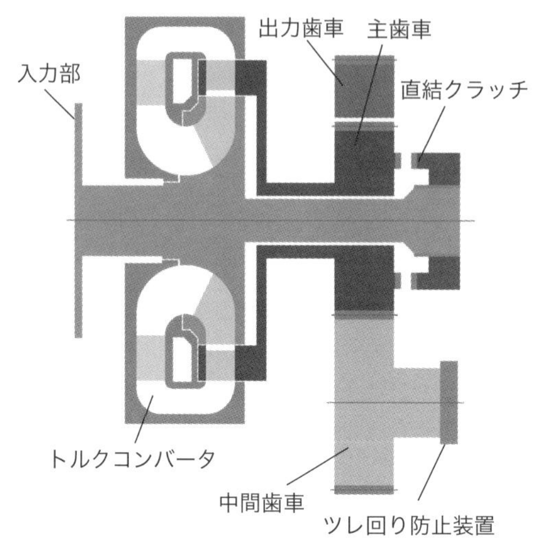

2-2図

の歯車が1対2個、逆転するための歯車は回転方向を変えなければならないので、噛み合い個所2ヶ所が必要となり、3個の歯車が必要で、合計5個の歯車を必要とする。

これに対し、DW4の逆転機は変速機と台車上の減速機とをつなぐ推進軸(プロペラシャフト)の変速機側の歯車を移動して、噛み合わせる歯車を変えて逆転する機構となっていた。

2-2図はDW4Cの回転部を描いた概念図で、ベアリングなどは省略している。左端が入力軸で、図左端の円盤部にゴム継手を取付けてエンジンのハズミ車と接続される。

図の左方に陸上競技場のトラックのように描かれているのがトルクコンバータ、流体変速部。

右側が出力部で、歯車になっている。この歯車は「主歯車」と称する。

主歯車の右に描いたのが「直結クラッチ」と称する部分で、中心軸部の入力部と主歯車の出力部をつないだり、切り離したりする。

図は、切り離した状態を描いている。この部分、直結クラッチについては、次項で解説する。

図中、主歯車の下の部分も歯車になっていて、主歯車と噛み合っている。この歯車を「中間歯車」という。この部分は真下に展開して描いている。主歯車の上に少しだけ描いてあるのは「出力歯車」で主歯車の向こう側にあって、半分以上が隠れている。

図では、入力軸部も出力軸部も一体で描いているが、実際にはボルトでつないだり、スプラインで動力伝達していたり、ベアリングがあったり、単純ではない。あくまでも、動力がどのように伝達されているか、なるべくわかり易く解説するための図である。

2–3図は、逆転機の歯車の配列を示した図で、推進軸側、2–2図の右側から見た配列を示している。

2–2図は、斜めに配列されている主歯車と中間歯車を展開して描いている。2–2図では主歯車の下に中間歯車を描いているが、実際には斜め下に配列されている。主歯車の斜め上に配置されているのが出力歯車で、これが推進軸につながっていて、台車の最終減速機を駆動する。

2–3図の左の図は出力歯車と中間歯車と噛み合っていて、こちらを「正転」としている。

右の図は出力歯車が左上に移動(揺動)して主歯車と噛み合っている。こちらが「逆転」となっている。回転方向は図中の矢印に示す通り。

出力歯車とこれを支えるベアリング部をひとつのユニットとして、これを支える軸部を中心にして約20°回転、距離にして約60㎜移動して、正転と逆

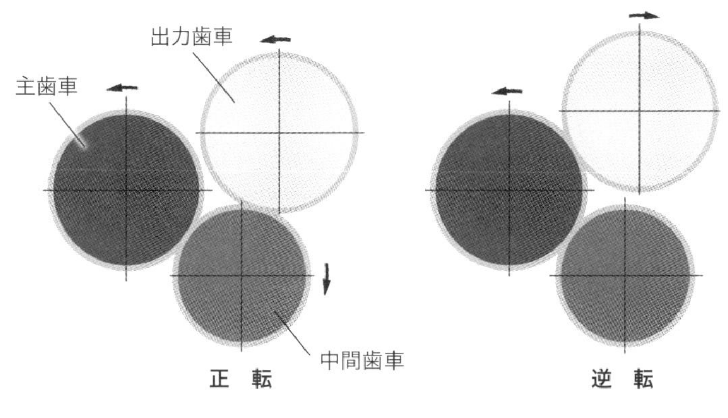

2–3図

転とを切り換えるシカケになっている(角度と移動距離は、外観図に記載された寸法から筆者が計算した)。正転と逆転とで、軸の位置が変わって良いのか、と疑問に思うところだが、台車との間は十字軸継手と伸縮できる機構を設けた推進軸でつないでいるので、60㎜ぐらいの変位は許容する。(注1)

(注1) AT自動車は、他車に牽引されると変速機内の軸受を焼損することがあるそうだが、DW4は出力歯車のところに可逆ポンプといって、どちらに回転しても潤滑油を送り出すポンプを備えていて、出力歯車を支えるベアリングを潤滑する。また、正逆動作で歯車軸が移動しても内部の油が漏れ出ないようにしてある。当然といえば当然なのだが、国鉄と製造2社の丁寧な設計思想が伝わってくる。

なぜコンバータが充排油式なのか

大型機関を搭載して床下機器が一杯のところ、変速機(逆転機)が小型になる、歯車も3個で済む、という機構なのだが、この逆転機構を正常に動作させるためのシカケがいくつか装備されている。

機関が回っていると、アイドリング(600rpm)であっても、コンバータのポンプ羽根車(**2-2図**)も回転する。ポンプ羽根車が回ると、油が流れてタービン羽根車も回ってしまう。タービン羽根車が逆転機の歯車とつながっているので、歯車も回る。回っている歯車に外から別の歯車を噛み合わせようとしても、ガリガリ音をたてて、噛み合わない。無理をすれば、歯車を壊してしまう。

そこで、停車時は、コンバータから作動油を抜いてしまう。DW4系のコンバータが「充排油式」になっているのは、変速-直結切換機構に「中立(自動車のニュートラル)」位置がないから。油を抜いてもなお、弱いながらも、空気がタービン軸を回す(あるいは、作動油を抜いた後も慣性でいつまでも回り続ける)ので、ブレーキを付けている。これが、側面図の中間歯車の右に描いた「ツレ回り防止装置」という部分。

もちろん、車両が動いていると、車軸側の出力歯車が回るので、噛み合ってくれない。これも歯車を壊すおそれがあるので、車両が停まっていることを検出する装置と回路が組まれていて、逆転機のギヤ入れ動作は車両が停止しているときだけ作動する。

容易にわかる通り、歯車を噛み合わせるとき、山と谷が合ってくれれば良いが、山と山が合うと噛み合ってくれない。そこで、この「ツレ回り防止装置」にはブレーキ作動の際にごくわずか歯車を回す機構が組み込まれていて、歯車が噛み合わない場合は、自動で繰り返し動作して、噛み合い位置を探すようになっている。

それでも噛み合わない場合は、「逆転機不調」となって、逆転機は「中立」といって、どちらの歯車とも噛み合わない中間の位置で保持されて、変速機が車軸側から回されるのを防止する。

逆転機の歯車移動には油圧シリンダ、ラック・ピニオン、クランク・リンク機構を使っている。規定の位置にストッパが設けてあって、この位置で、歯車のバックラッシュ(歯車が円滑に回るためのスキマ)が確保されるようになっている。

もし、エンジン不調で機関停止してしまった場合も、逆転機の作動ピストンはスプリングで「中立」位置に移動する。変速機が車軸側から回されるのを防止する。

逆転機が「中立」になった場合は、車両を一旦停止させてからでないと、再復帰させることはできない。

各車両ごとに点検に行かなくとも、運転台で各車の状態がわかるようになっていた。各車両にも個別に表示灯が付いていた。(注2)

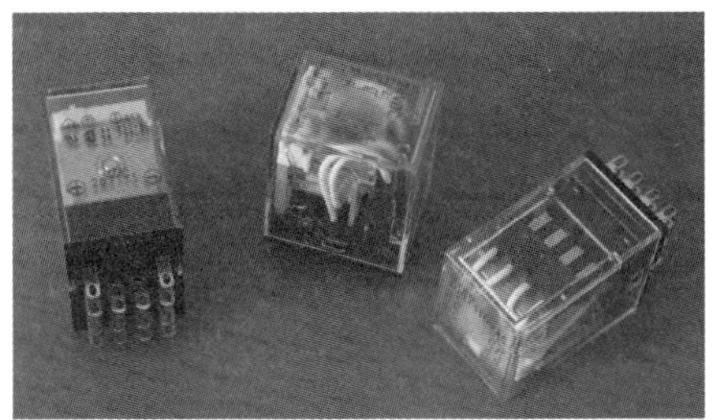
小型リレーの例

逆転動作の繰り返しや、状態表示の制御機構、制御回路はリレー(鉄道系の説明書では継電器と記載している)といって、電磁石で接点を入切する部品を使っている。小型リレーの写真を添付する。

逆転機の歯車移動機構には、ピストンの位置を検出して、正常動作を検知する機構になっていた。この機構には、マイクロスイッチ(機械屋は「リミットスイッチ」ともいっている)という部品を使って、器械の動きを電気接点に変換する。この接点で制御回路のリレーを動作させていた。このマイクロスイッチの不具合が多発した。

電化工事中の中央本線で撮影
乗降口扉の横に、ランプがタテに3個並んでいる。
(1973年撮影)

(注2) 各車両乗降口ドアの横にランプが3個タテに並んでいる(上写真)。上部の赤ランプは戸閉めランプ。これは他にも電車などに付いているし、駅で停車し、ドアが開くと点灯するからよくわかる。その下の2個のランプは、下段が「非常灯」で、車内の非常警報器ボタンを押したときに点灯する。中段は「異常灯」で、機関、変速機、逆転機の異常の際に点灯する。このランプは、キハ80系にも装備されていた(『鉄道ピクトリアル』(2003.8.)の「キハ82形 車体外部付属品取付」という図に描かれている)。

逆転機は正常動作して歯車が噛み合っているのだが、マイクロスイッチの故障で「正転」または「逆転」の接点信号が出ないために、無駄に繰り返し動作をした後、「中立」位置を保持するなど、マイクロスイッチの関係する不調が多く発生した。

「エンジン」トラブルなのか

編成中、1両だけが、逆方向に動くと、変速機や逆転機を壊してしまうおそれがあるので、異常時に中立を保持するのは、フェイルセイフ、安全側の動作という考え方である。

これらのトラブルは、そのまま運行停止にはならない。

以上解説の通り、たいてい逆転機は中立位置になって、列車としては、運転不能ではなく不調の車両だけが「お休みモード」に入る。エンジンに余裕があるおかげで、少しぐらい変速機に不調があって「お休みモード」に入っても運行に支障をきたすことはない。だから、お客さんはもちろん、多くの鉄道趣味人には、このことは知られていない。

ただし、正常な他の車両の負担がそれだけ増える。機関車並みの出力を持ったエンジンで余裕タップリのはずなのだが、戦線離脱してお荷物となる車両が出てくる。そうなると余裕を喰い潰してしまう。

エンジントラブルではなく、変速機トラブル(それもマイクロスイッチという、ごく一部の部品のトラブル)であっても、それを補っている「エンジンが悪い」とされて、酷評されることになってしまった。出力に余裕をもたせたのは、設計段階から多少のトラブルが発生することを想定していたのかもしれない。

この逆転機は問題を抱えながらも、最後まで改造できなかった。改造しようにも組み込むスペースが確保できなかったと思われる。

名古屋機関区(関西本線八田側)を出た「しなの」編成は名古屋駅の所定のホームに入ると、長野方面に向けて方向転換しなければならない。名古屋駅で発車待ちをしている「しなの」の発車前、一旦扉を閉めて、車両を少し動かして作業しているのを見た記憶がある。逆転機の噛み合わせをしていたのかもしれない。

名古屋を出発して木曽谷を快走し、塩尻駅に到着する。当時の塩尻駅は今と違って、そのまま直進すると東京方面である。篠ノ井線長野方面に行くには、方向転換しなければならない。

逆転機に問題を抱えながら、営業運転中に方向転換しなければならない路線であったことは不運だった。

高山本線の特急「ひだ(名古屋-富山-金沢)」は岐阜駅と富山駅で方向転換を必要とする。

紀勢本線の特急「くろしお(名古屋–天王寺)」も、1973年10月に伊勢線(四日市–津)経由に経路変更されるまでは、亀山駅で方向転換を必要とした。

「ひだ」「くろしお」に181系が投入されなかったのは、初期の「しなの」の整備を担当した名古屋機関区が拒絶した、というのは、趣味の「鉄」業界では有名な噂話だが、その根拠となったのは、営業運転の途中で方向転換を必要とした、ことがあったのかもしれない。

高山本線を行く特急ひだ:山岳路線であるが、181系ではなかった。
(1975年撮影)

驚き！コンピュータを使わないフルオートマチックの機構

DW4Cには、逆転機だけでなく、直結機構にも大きな弱点があった。

1章のDF115/TC2の解説の通り、コンバータのエンジン側と車軸側の回転速度が近くなってくると、コンバータを通した方が回転力が低下してしまうので、コンバータを切り離してエンジンで直接、車軸を回すようにする。このための機械部分を「直結機構」という。

2-2図(84ページ)の右側に描かれているのが「直結クラッチ」と称する部分で、エンジンにつながる入力部と車軸につながる出力部をつないだり、切り離したりする。図は、切り離した状態を描いている。ここをつなぐと、コンバータを介さず、エンジンの動力は直接、車軸に伝わる。

直結爪クラッチ

2-4図は直結クラッチ部を少し詳しく描いた概念図である(『ディーゼル』(1966.4.)解説図他を元に筆者作成)。この図ではケーシングと軸端部を一部省略している。

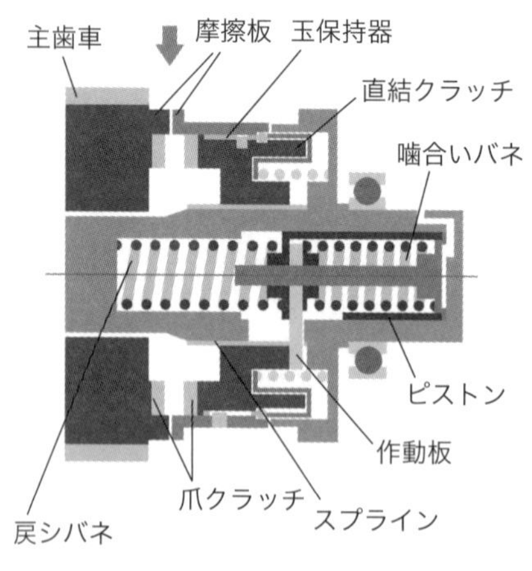

2-4図

左の主歯車の側面には、摩擦板が取り付けてある。主歯車にボルト止めされている。

摩擦板の内側に描いているのが爪クラッチ(噛合いクラッチ)の爪部で、この部分は、主歯車と一体でつくられている。

これと向かい合わせに爪クラッチの相手方(直結クラッチ)があって、入力軸に加工したスプラインに嵌まっている。

スプラインというのは、同じ歯数の内歯車と外歯車が嵌め合わせてあって、動力を伝達しながら、軸方向に移動(この図では左右に移動)できる機構である。これが軸方向に移動して爪クラッチが噛み合ったり、外れたりする。

この図中の矢印の方向を見た図が**2-5図**で、摩擦板を除去して、爪クラッチ部だけを円周方向に展開して一部を描いている。左の図が噛合っていない状態、右の図が噛合っている状態を描いている。

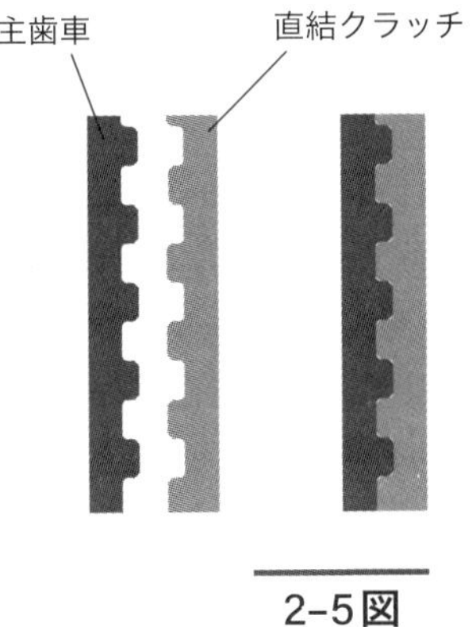

2-5図

左側が主歯車で、右側が直結クラッチを示している。爪クラッチは機関動力を伝達し、噛合せた爪で大きな力を受けなければならない。円周状に爪が配置されて噛合うようになっているが、どの爪が噛合うか決まっていないので、どの爪が噛合っても均等に動力を伝達するよう高い工作精度で、仕上げされている。また、摩耗しないように表面だけ硬くなるよう焼き入れ処理されている。噛合い易くするため、先端の角は45°落としてある。

この直結クラッチの外周には、摩擦板があって、主歯車側の摩擦板と相対するようになっている。変速運転中、この摩擦板は完全に離れている。

摩擦板と直結クラッチの間には玉保持器という円筒状の部品が組込んであって、摩擦板と直結クラッチに植え込んだピンと玉保持器の穴が嵌め合わさっている。「ピン」というと、虫ピンとか安全ピンのような細いものを連想するが、機械屋がピンというと、木工の「ダボ」と類似の部品のことをいうことが多い。また、ピストンピンやクランクピンのような軸部も「ピン」という。

玉保持器の穴形状は、このような平面的な図で説明するのは難しい。必要な範囲で動けるように穴があけてある、と理解いただきたい。

軸の内部にはピストンと噛合いバネが組込んであって、外部からの作動油圧で軸方向に動くようになっている。戻るときには、内部に仕込んだ戻しバネが押し戻す。

このピストンのストロークをマイクロスイッチ(リミットスイッチ)2個で2段階に検知する。

マイクロスイッチは、図では省略している。このマイクロスイッチは、それぞれ、直入マイクロ、直抜マイクロと称する。

ピストンが直結クラッチを図の左に押して主歯車と噛み合わせるのだが、両者の回転差が大きいと逆転機の歯車と同じで、ガリガリと音をたてるばかりで噛み合わない。

ピストンは直結クラッチを直接押すのではなく、間の作動板と噛合いバネを介して押している。

この機構により、直結クラッチはまず先に摩擦板が接触するところで一旦止まるようになっている。

2–6図は摩擦板が接触しているところを示している。内部のピストンは全ストローク動いて左の戻しバネをいっぱいまで押し込んでいる。玉保持器のピンやボールの作用で、爪クラッチは噛み合いの手前で止まっていて噛合っていない。このために、作動板が途中で止まって、内部右の噛み合いバネも押し込まれている。

摩擦板の回転速度が一致すると、玉保持器のピンやボールの作用で止まっていた爪クラッチが噛み合いバネで飛び出して、爪が噛合う。**2–7図**は爪クラッチが噛み合った状態を描いている。

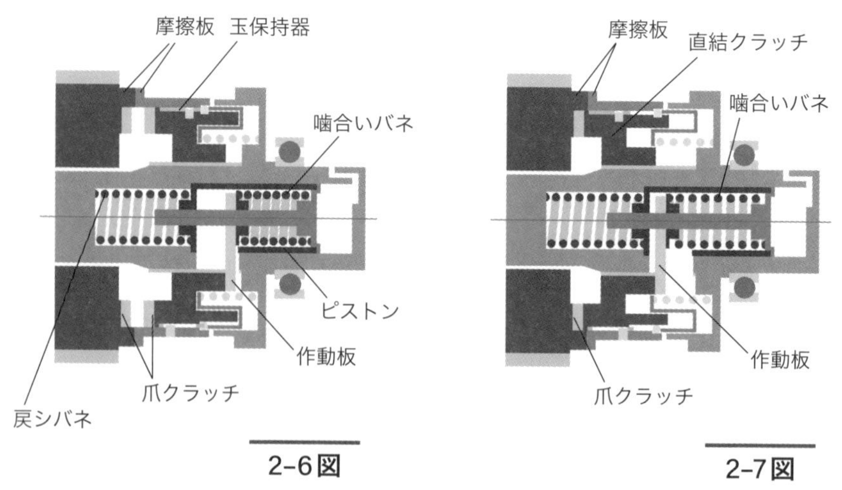

2–6図　**2–7図**

直結動作は全自動

車両が発車するとき、直結クラッチは**2-4図**(90ページ)のように切り離され、コンバータに作動油が充填される。コンバータの作用により、エンジンのトルクが大きく拡大されて主歯車から各歯車を通して動力が車輪に伝えられる。スタート直後は、機関回転速度は速く、車軸側は遅い。

車速が上がると、車軸側の速度が上がってきて、機関回転速度との差が小さくなる。

この速度差、速度比0.7に達するのと、車軸側の回転速度が600rpm(計算上の車速40km/h)以上であれば、変速段から直結段へと切り替わる動作が始まる。

機関回転速度を1600rpmとすると、主歯車軸1120rpm(1600×0.7＝1120)でこの状態になる。このときの速度は車輪径860mmのとき、約75km/hとなる。

直結電磁弁が開いて、直結クラッチシリンダに作動油が入る。**2-6図**に示すようにピストンが押されて、摩擦板が接触する。摩擦板が相互に摩擦しても、速度比0.7で、機関回転速度の方が速いので、同じ速度にはならない。

同時にトルクコンバータから作動油を抜く。1章3のTC2A、DE115A(4章2のDW10も)では、ワンウェイクラッチを付けて出力側から回されないようにしているが、DW4系では、作動油を抜いて、回されないようにしている。

この位置で直入マイクロスイッチが作動する。この接点によって、機関回転速度をアイドリング(600rpm)にする。これは、運転台の主幹制御器(ノッチ)の位置とは無関係に作動する。主幹制御器は7段階の刻みになっていて、この刻みを「ノッチ」といっている。機関回転速度が下がってくるので、必ずどこかで摩擦板相互の回転速度が一致する点がある。

回転速度が一致すると**2-7図**のように、内部の噛合いバネが作動板を介して直結クラッチを押し出して、爪が噛み合う。

上記の速度条件であれば、主歯車軸1120rpm、機関回転速度も1120rpmということになる。

この直結クラッチが噛合う瞬間、主歯車軸1120rpm、機関回転速度1129rpm(速度比0.992)を検出する機構があって、この機構の電気接点により、機関回転速度を2秒間、3ノッチにする。この3ノッチにする動作も、運転台の主幹制御器(ノッチ)の位置とは無関係に作動する。このとき、直結クラッチが噛み合っていると、クランク軸は車軸とつながっていて、拘束されているので、機関回転速度は上がらない。

もし、直結クラッチが噛み合っていなければ、クランク軸はどこにもつながっていないので、回転上昇する。この速度変化を速度比0.992の検出機構が検知して直結の成否を判定する。

直結クラッチが噛み合った、と判定されれば、エンジンは運転台の主幹制御器の指示するノッチに投入されて加速を続ける。

直結クラッチが噛み合っていない、と判定された場合は、機関回転速度をアイドリングにして、一連の「直結」の動作を繰り返す。

この動作を30秒間繰り返し、30秒経過しても、直結クラッチが噛み合っていない、と判定された場合は、その動力ユニットは「直結不調」となり、運転台の表示灯が点灯し、機関アイドリングとなる。前項の「逆転機不調」の場合と同様、車両は「戦線離脱＝お休みモード」に入ってしまう。

当然のことながら、この一連の動作は、運転台の主幹制御器のノッチの位置とは無関係で、各動力ユニット毎、個別に動作する。

上記説明でわかる通り、変速→直結の切換動作が始まる条件は、「速度比0.7」と「車軸側600rpm」なので、運転台の主幹制御器の指令によって、切換動作が始まる車速が変わってくる。

車速が約40km/h(車輪径860mm:筆者計算による)以上になると、車軸側の回転速度600rpmを超える。車速47km/hで車軸側の回転速度は計算上700rpmとなる。

ここで、ノッチを戻して、機関回転速度が1000rpmになると、直結の切換動作が始まる。

車速に対して、機関回転速度が低下してくるので、速度比0.7の条件が成立するから。

「全自動」でありながら、運転台の主幹制御器の操作次第で、変速段で引っ張ることもできるし、早く直結段に入れることも可能だった。実際に操作していたかどうかは別として、設定条件から設計意図が読み取れる。キハ181系の性能曲線を見ると、高速域まで変速段での曲線が描かれている。これは、それだけ切換の範囲が広いことを示している。

次に、直結運転中に車速が低下してきた場合。

運転台の主幹制御器が6ノッチ以下の場合は直結軸回転速度が600rpm以下、7ノッチの場合は1100rpm以下に低下したとき、直結から変速へと切換えられる。

それぞれ、車速にすると、計算上40km/h、74km/h(車輪径860mm)となる。

直結電磁弁がOFFとなって、シリンダ油圧が抜け、内部のバネでピストンが戻り、直結クラッチが抜ける。このピストンの位置を直抜マイクロスイッチが検出して、変速電磁弁がONとなって、コンバータに作動油が充填される。

もし、直抜マイクロスイッチが作動する位置までピストンが戻らない場合、直結クラッチが噛み合ったまま、抜けていないということなので、2秒間隔で2ノッチ⇔アイドリングの動作を繰り返す。ゆさぶりといって、回転速度を大きく変化させて、直結クラッチを抜く動作をする。

この動作を10秒行なっても抜けない場合は、車軸側から回されることになり、直結クラッチを破損する危険があるので、機関停止し、逆転機の歯車を外して中立にする。運転台の故障表示灯が点灯する。

7ノッチだけ大きく条件を外してあるのは、7ノッチにする操作をすることによって、車速が高い条件で、変速に切換えできるようにするため(AT車で「キックダウン」といっている)。

実に煩雑な機構で、今の技術ならコンピュータを使わないと考えつかないような機構、回路をリレーだけで構築していた。「リレー」というのは、電磁石でスイッチ接点を入切する部品で、実に原始的な構造をしている。

1960年代後期、家庭のTVがまだ白黒で真空管式が残っていた時代、月へ行くロケットでさえ、今のゲーム機より簡素なコンピュータしかなかったといわれる時代に、これだけ高度な機械を機械機構、リレー回路だけでつくり上げた技術者の知恵と努力に脱帽、というしかない。

航空機や大型船は模型をつくって風洞や水槽で実験をして最適形状を探ることはTV番組になったりする。同様に、エンジンも「単筒機関」といって、シリンダ・ピストン1個だけの機械をつくってノズルや燃焼室の最適形状を探す。変速機の各部の機構も部分部分をつくって試験する。いきなり、試作車キハ90、91がつくられたわけではない。

かなりの手間をかけて研究し、実験を重ねてつくられた機構であったが、速度、速度比を検出する機構も、直結クラッチの機構もトラブルが多

かった。(注1)

リレーへの電気信号はマイクロスイッチといって器械の動きを電気接点に変換する部品を使っていた。逆転機同様に、このマイクロスイッチの不具合も多発した。

速度、速度比を検出する機構のマイクロスイッチの接点が故障して制御回路に指令が行かない、速度比を検出する機構は正常動作しているのだが、マイクロスイッチの接点が故障して直結指令が出ない、といったトラブルもあったとのこと。

上記の解説で出てくる速度、速度比を検出する機構も、今ならコンピュータや電子部品でやってしまうところだが、当時は純粋に機械機構になっていた。この機械機構はDD13型機関車の変速機に使われていた機構にならって考案したものだとのこと。

運転台には、トラブル発生の号車と内容を示す表示灯が装備されている。

結局、この部分は大規模な設計変更をすることになった。**2-8図**はこの直結機構を変更した後の概念図である。新規製造する変速機はDW4Eと改称して、直結機構は「湿式多板クラッチ」による機構に、速度と速度比の検出は電気式に変更した。

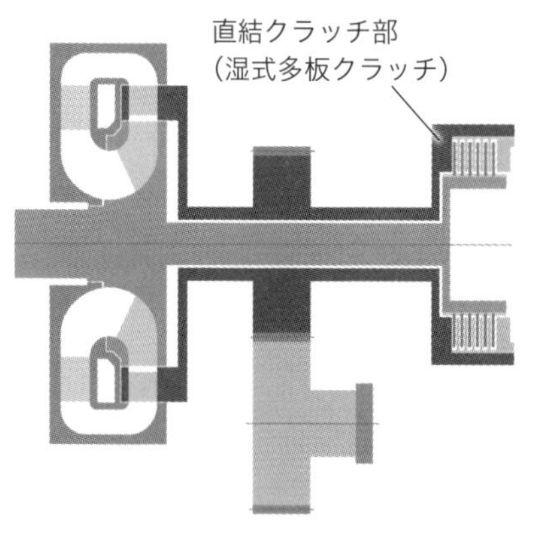

2-8図

湿式多板クラッチというのは、摩擦板を何枚も重ねて構成され、摩擦板の間を冷却油が流れるようになっている。1章3で解説のDF115Aに使われているし、最近の鉄道車両の変速機にも使われている。当時はオートバイのクラッチとしても同種のものが使われていた。枚数を重ねると容量を大きくできるので、どのぐらいの大きさになるかはともかく、機関車DD51級の動力を扱うクラッチも可能であっただろう。

(注1) 当時の中央本線中津川以北、篠ノ井線は単線区間を多く残していた。特急列車といえども、駅構内を通過するときには、分岐器通過の制限速度まで減速しなければならない。変速⇔直結の切換動作を何度も繰り返していたことだろう。

従来車のDW4Cも改造工事を行なって、DW4Eとなった。(注2)

逆転機と同様、これらのトラブルは、そのまま運行停止にはならない。エンジンがアイドリングあるいは停止してその車両が「お休みモード」に入る。正常な他の車両の負担がそれだけ増える。これも、エンジンに余裕があるおかげで、少しぐらい「お休みモード」に入る動力ユニットがあっても運行に支障をきたすことはない。だから、お客さんはもちろん、多くの鉄道趣味人にも知られていない。大きな遅延がない限り、『ディーゼル』誌にも故障の記載がない。

電化直前の中央本線を走る蒸気機関車の撮影に、何度か出かけたことがある。合間に通る「しなの」の通過の際、爆音をたてる車両ばかりではなく、「カラカラカラ」とアイドリング音を奏でるユニットがあったことを記憶している。

中央本線の特急「しなの」
(1974年撮影)

放熱器の容量不足でエンジンのオーバヒートが発生した、と思われているが、変速機の不調が原因でエンジンに負担がかかり、オーバヒートにつながったと考えるのが妥当であろう。

篠ノ井線 姨捨スイッチバック

運行初期の「しなの」は食堂車1両が無動力であるが、他の8両が全部動力を備えている。

機関総出力公称4000PS、DD51型機関車2両(4400PS)には少し及ばないな

(注2) 初期のキハ181系の変速機DW4Cは改造工事を施工しDW4Eとなった。本書の解説は初期のDW4Cの解説をもとにしている。この解説に記載されている時限(秒時)や動作はトラブル対応により変更されている可能性がある。また、同じ500PSのエンジン、変速機を装備した急行用としてキハ65という車両があった。この変速機DW4Dも直結機構を摩擦クラッチに改造し、DW4Fとなった。キハ65はDML30HSDを走行用とし、他に電源用機関を搭載した車両。キハ58などの従来車と連結し、これら従来車に冷房用の電力を供給した。なお、キハ65の変速機は従来車と連結することを前提としているので、変速⇔直結の切換は、運転台からの指令による。

がら、ほぼこれに相当する出力がある。9両の客車なら充分な動力である。

長野を出発して篠ノ井を過ぎると冠着(かむりき)トンネルへと向かう勾配区間に入る。善光寺平を見おろす「日本三大車窓」といわれる区間である。今も姨捨(おばすて)駅のスイッチバックは鉄旅の好きな人に知られている。冠着トンネルまで25‰(パーミルと読む)の急勾配が続く。25‰の勾配とは水平に1000m進んで、25m上がる勾配をいう。

斜面に働く下向きの力(勾配抵抗)は、**2–9図**に示すように、

$W \times \sin\theta$ で計算できる。

25‰の角度 θ を計算すると約1.4°となる。時計の針でいうと1分が6°なので、この1/4程度の角度でしかない。これだけ角度が小さいと、$\sin\theta = \tan\theta$ としても計算誤差はわずかでしかない。

そこで、鉄道では、$W \times \tan\theta$ で計算してしまう。

これは、$\tan\theta = 25/1000$ なので、計算が簡単だから。

お客さんを含め、9両編成の総重量Wを440tとして、勾配抵抗を計算すると、

$440 \times 25/1000 = 11$(t)

起動抵抗といって、各部の静止摩擦から動かし始めるために必要な力が、車両重量1tあたり4kgとされている(『鉄道車両ハンドブック』(久保田博、グランプリ出版))。

これが、

$440 \times 4 = 1760$(kg)

1章7で解説の通り、キハ181系の停止からの駆動力は1軸あたり1960kg、1両2軸で約3920kg(≒3.9t)となるので、

$(11 + 1.76) \div 3.9 \fallingdotseq 3.3$(両)

動力車4両あれば、理論上、勾配途中から起動可能となる。

ただし、機関や変速機の温度上昇は考慮していない。

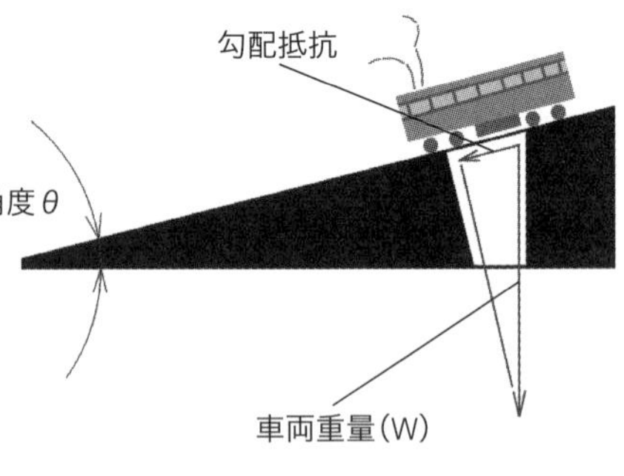

2–9図

営業開始から10ヶ月目、最初の夏、8月のこと。午後の長野発

の列車が、この勾配区間で不調に陥った。次々と変速機不調、温度上昇となり、動力車4両で姥捨まで登った。姥捨で温度が下がるのを待って、不調のユニットを再起動して冠着トンネルを越えた、という記録(『ディーゼル』(1970.1.))が残っている。

運転室後部の機器室には何が入っているのか

ディーゼル車の特急用車両のキハ82、キハ181には、ともに、運転室の後部に機器室があることは「鉄」業界ではよく知られている。外観上も、通風のルーバがあるので、ここは機械室になっているとわかる。

この中には何が入っているか、というと、エンジンの放熱器になっている。

この機器室には、発電用のエンジンが入っている、と思っている方もいるようだが、発電用のエンジンは床下に装備されている。

機器室の車両長手方向の寸法は、キハ82は約2m、キハ181は約3.8mとなっている。

エンジンと放熱器類がどのようにつながっているかを**2–10図**に示す。このような図を系統図といって、概念を理解するのによく使われている。

キハ82は発電用機関の放熱器だけ機器室に備えてあり、走行機関の放熱器は中間車と同様、床下に装備している。

キハ181は発電用、走行用とも放熱器を機器室に装備している。しかも、キハ181は、走行用も発電用も機関出力が大きいので、発生熱量も多く、放熱器も容量が大きい。このため、キハ82よりキハ181の方が機器室が大きくなっている。

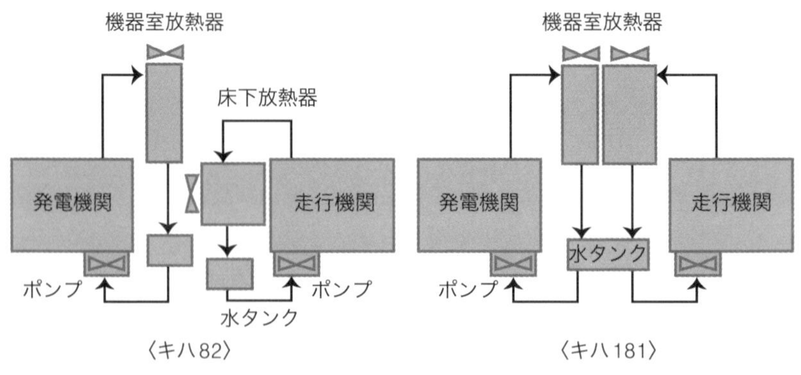

2–10図

2-11図はキハ82(81も類似)の機器室を客室側から見た概念図。

側面ルーバの内側左右に、放熱器素がある。屋根上(天井)にファンが1台備えてあって、この間をダクトで繋いでいる。天井ファンは上向きに風を吹き出している。側面ルーバから空気を吸い込むようになっている。屋根上のファンは電動モータで駆動している。

床面には、発電機関用の燃料タンク、冷却水タンク、発電機関用の始動用バッテリが設置されている。

放熱器素というのは、エンジンの冷却水を空気で冷やすシカケで、2-12図に概念図を添付する。自動車ではラジエータといって、たいてい車体の前面に付いている。この図は、一部を拡大して断面を示している。あくまでも概念図で、寸法も形状も適当に描いている。

扁平な管を何本か並べて配置し、この管の間を波型に成型した板(フィンという。鉄道車両の場合は「ヒレ」と記載した書面もある)でつないでいる。管の中を水が流れ、波板の間を空気が流れる。空気はこの図では、紙面の奥から手前に向かって流れると考えると理解できるだろう。

冷却水の熱は、管の壁材から波板に伝わり、冷却空気へと伝わって、熱を空気に伝達する。

これは「熱交換器」ともいって、家庭用の冷房機の室外機や室内機の内部に類似の構造を見ることができる。この「放熱器素」を放熱容量に応じてい

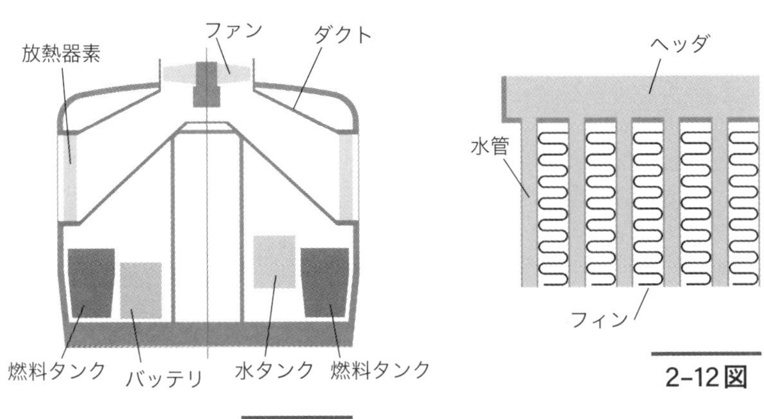

2-11図

2-12図

くつか組合わせて装備する。インタークーラという装置も同様で、3章3(155ページ)に写真を添付しているので、これも参照していただくと構造がわかるであろう。

発電機関用の燃料タンクは、400リットルのタンクを左右に置いてある。外から見ると、機器室ルーバの角下、運転室側の角下に小さい給油口のフタがある。ボンネット型(初期の「はつかり」)のキハ81は機器室ルーバの角下、JNRマークの前方に給油口のフタがある。(注1)

キハ181の機器室も類似の配置であるが、燃料タンクと始動用バッテリは床下装備となっていて、機器室には水タンクだけが装備されている。

キハ181の機器室は、前側(運転室側)に発電機関用放熱器、後ろ側に走行機関用放熱器を装備している。

進行方向に向かって右側(助士席側)は、前寄(運転席寄)から、発電機関用の小さいルーバ、走行機関用の大きいルーバの2つが並んでいる。

左側(運転席側)は、発電機関用、走行機関用ルーバの後ろ、客室寄にはタテ長の小さいルーバがあって、これは、発電機関用の燃焼空気取り入れ口になっている。

キハ82の機器室と同様に、屋根上にはファンが付いていて、放熱器との間をダクトで繋いでいる。発電機関用のファンは電動モータで駆動する。走行機関用のファンは油圧モータで駆動し、その油圧は走行機関で発生させる。それぞれのファンは冷却を必要とする機関の動力で動かしている。ダクトも分離されている。

キハ81、82の中間車キハ80は駆動機関2台を搭載しながら、機器室がない。

キハ82は駆動機関1台、発電用1台だから、中間車と搭載している機関は同じ。ならば、機器室がなくとも、床下に全部収まりそうだが、発電用機関は停車中も負荷がかかるから、常時冷却しなければならない。騒音源となるファンはなるべく客室から離したい、という設計意図に沿ったものと思われ

(注1) キハ82の発電機関は床下に装備されているが、キハ81(初期の「はつかり」)の発電機関は運転席の前、ボンネット内に収納されている。本文記述の通り、キハ81、82の発電用の燃料タンクは機器室に装備されており、ルーバの斜め下に給油口がある。キハ81、82の写真の中には、給油の際に軽油がこぼれたと思われる跡の写っている画像や、給油口のフタが開いたままの画像が見つかる(多くの自動車の給油口と同様、内部にタンクのキャップがある)。

る。

キハ181の中間車キハ180は床下と屋根上に放熱器を装備している。

先頭車に機器室が必要なのは、床下が各機器で一杯で、もはや、放熱器の設置スペースがない。

屋根上放熱器がオーバヒートの原因なのか・能力不足ではない

181系特急型気動車でとくに目立つのは、中間車両(運転台のない車両)の屋根上に装備された放熱器であろう。これは機関冷却のための放熱器である。この屋根上の放熱器で全熱量を放熱しているかのように思われているが、実は従来型の放熱器も床下に装備している。

エンジンと床下放熱器、屋根上放熱器がどのようにつながっているかを**2-13図**に示す。参考に、先頭車の系統図も併記した。左の図は発電用機関と機器室をもった先頭車、右の図が屋根上放熱器を装備した中間車。

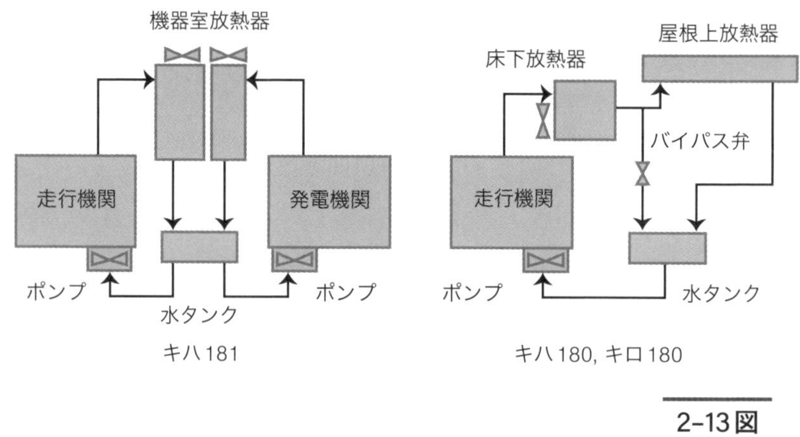

2-13図

エンジンを冷却して高温となった水は、床下放熱器を通った後、屋根上放熱器に向かう。このとき、床下放熱器のファンは回っておらず、水は放熱器素の中だけ素通りしていく。

水温が低いときは、バイパス弁が開いて、屋根上放熱器に行かず、水タンクに入り、水タンクから再びエンジンへと循環する。この水タンクは客室洗面所の水タンクとは別のタンクで、エンジン冷却水の専用タンクである。

水温が一定値を超えると、バイパス弁が閉じて、屋根上の放熱器に冷却水が流れ、水温を下げた後、水タンクに戻る。屋根上放熱器で、規定の水温まで下がらないと、床下放熱器のファンが回る。床下放熱器のファンは走行用機関からベルトで回している。回転の「入・切」はファン駆動軸の途中に流体継手を設け、この油を出し入れすることで行なっている。

床下放熱器をあとから苦しまぎれに追加した、と思っている方もいるようだが、あとから追加できるほど小型の機械ではないし、エンジンの前側の軸からベルトで動力を取っている。このため、どこでも空いたスペースに置けば良いというものではない。最初から配置を考えて設計しなければ、配置できるものではない。

屋根上放熱器の能力を計算してみる

放熱器の能力を計算で求めることは難しい。「無理」は承知で、屋根上放熱器の能力を強引に計算してみる。「伝熱工学」といって、「熱工学」の中の一分野で、これだけで講座が開設されるほど奥が深い。

2-14図は屋根上の断面を描いた概念図で、屋根上中央の冷房装置の両側にこの放熱器エレメントを並べて設置してある。概念図なので、実際の寸法や形状をそのまま描いているわけではない。

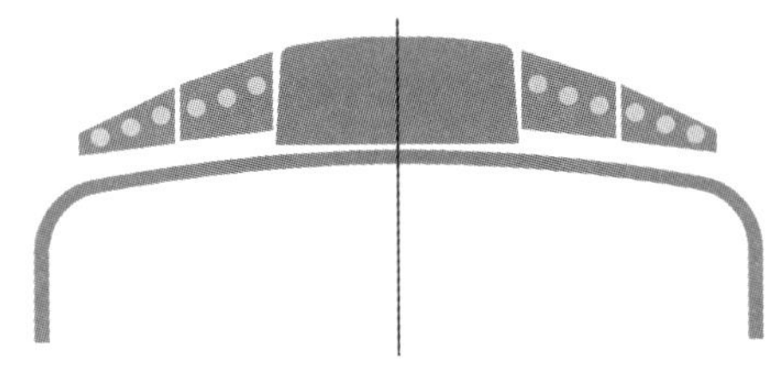

2-14図

屋根上放熱器の一枚の放熱板がどれだけの熱を放熱するのか、を計算してみる。車両が停止していて、冷却空気が流れない条件(最悪の条件)を考える。タテに置いた放熱板は高温水で熱せられる。

流れてくる水温は一定でも、下流へいくほど温度は少しずつ下がっていくので、最上流部と最下流部では温度が違う。実測データが何もないので、最上流部を85℃、最下流部を65℃と仮定して平均温度75℃とする。周囲温度は夏の昼間を想定して35℃とする。放熱板の近くの空気は温められて上昇し、上へと逃げていき、下から周囲の空気が流れてくる。「自然対流」の条件で計算する。

「熱」計算というのは、温度が決まらないと計算できない。そこで、温度を仮定して計算する。熱量が計算できて、温度が計算で求まる。この温度が、最初の仮定と一致すれば、最初の仮定は正しかった、ということで、計算が終わるのだが、たいていは一致しない。最初の仮定の温度を変更して計算をやり直す。コンピュータが発達した今なら、そんなに苦労することはないのだが、電卓頼りの頃は、何度も計算をやり直さなければならなかった。手間のかかる計算だった。

空気の比熱、粘度、熱伝導率といった物性値を使って計算する。ここで、計算の過程を記述しても、多くの読者の方には、理解の範囲を超越してしまうであろう、と思われるので、結果だけを書くと、19.3kcal/h(80.8kJ/h)となった。計算は、プラントル数、ヌッセルト数、グラスホフ数といって、きいたこともないような数値が出てくる。

放熱板片側2列の大きさをタテ(上下)160㎜、横(幅)650㎜とした。これは、参考文献『よみがえるキハ80系・181系』(三品勝暉、学研プラス)に掲載されていた放熱器の図面をルーペで読み、図の寸法を測って、強引に長方形の放熱板に近似して決めた。

放熱板がいったい何枚なのか、も知ることは難しい。『鉄道ジャーナル』(鉄道ジャーナル社)という雑誌の1978年3月号に屋根上放熱器を側面から撮影した写真があって、放熱板の1枚1枚が区別できる。乗降口のドアが一緒に写っている。乗降口のドアの幅は700㎜ということなので、これを参考にして、この写真の放熱板をルーペで見て数えて、間隔を求めてみると、約9㎜と知れる。

放熱器の全体図から、4個のユニットをつないでいることがわかる。車体の全寸法などからユニット1個の長さが約4.6mと知れるので、460枚の放熱板が並んでいると推定される。これから放熱器の能力は、

19.3(kcal/h)×460(枚)×4(個)×2(列)×2(面)≒142,000(kcal/h)(595,000kJ/h)

放熱器は左右2列装備されているのと、19.3kcal/hという結果は放熱板片面の計算なので、両面として、×2としている。得られるデータに限度があり、「仮定」が多いが、「当たらずとも遠からず」というところだろう。

次にエンジンからどのくらいの熱が出るのか、計算してみる。

500PS/1600rpmでの燃料消費率を、公表されている性能曲線から読むと177g/PS-hとなっている。500PSの出力を出したとき、

0.177 × 500 = 88.5(kg/h)

の燃料を消費する。

軽油の発熱量は10,300kcal/kg。発熱量というのは、低位発熱量といって、1kgの燃料を燃やしたときどれだけの熱量が出るか、という数値。これから、燃料の発熱量は、

88.5 × 10300 = 911,550(kcal/h)(3,816,000kJ/h)

『内燃機関』(山海堂)という専門誌にDML30HSH機関では冷却水への放熱量は燃料熱量の29.3%という計測結果が公表されている。ここでは、この冷却水放熱量を30%として計算する。冷却水の熱量は、

911,550 × 0.3 ≒ 273,500(kcal/h)(1,145,000kJ/h)

屋根上放熱器の能力は、エンジンの冷却水への熱量に対して、

142,000 ÷ 273,500 ≒ 0.52(52%)

ということになる。

キハ181系と同じエンジンを使った急行用車両のキハ65は、屋根上放熱器がない代わりに床下放熱器を2基装備している。これで、放熱器の容量として、問題がなかったことになっている。キハ180では床下放熱器を1基にしているので、屋根上放熱器で50%の能力があれば、良いことになる。

屋根上放熱器の能力を試算する最初の仮定として、走行風はないものとしているから、実際には、52%以上の能力があると考えてよい。つまり、屋根上放熱器は充分な冷却能力をもっていた、といえる。

屋根上放熱器を採用したのは、床下放熱器は冷却空気を流すためのファン(扇風機)を必要とする。ファンの動力は走行用機関から取っている。ファンに喰われる動力を少しでも減らそう、ということから、自然通風(走行風)の屋根上放熱器にした。走行用のエンジンが動力を必要とするのは、走っているときなので、走行風は必ず得られる。合理的、といえば、合理的な考え方である。

床下放熱器を大きくすると、騒音が大きくなるのと、駅で停車したとき、プラットホームの下から吹き上げる熱気も多くなるので、その対策でもある、という見方もできる。

2-15図は屋根上の配置を描いた概念図で、屋根上中央には冷房装置が配置されている。

キハ180の冷房装置は6基、キロ180(グリーン車)は5基、グリーン車の方

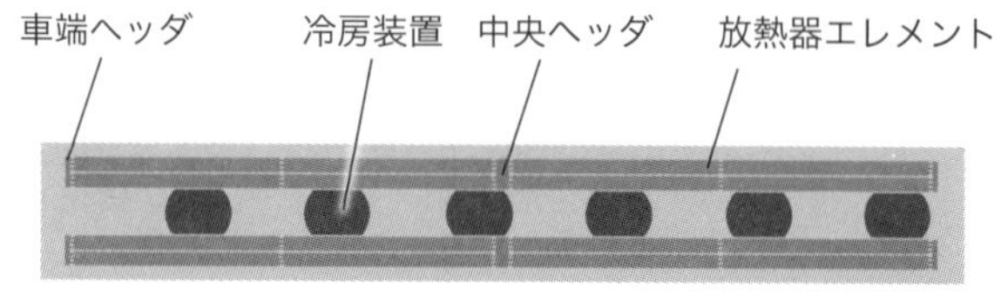

2-15図

が乗車定員が少ないので、冷房装置が少ない。この図はキハ180で、左側が乗車口、洗面所になっている。

冷房装置の両側に放熱器が並ぶ。放熱器4本を繋いで、車両中央と両端にステンレス製のヘッダ(管寄せ＝集合箱)が置かれている。

冷却水は、車両床下から車体側面の壁内部に埋め込んだ配管を上がって、中央ヘッダから放熱器を往復し、中央ヘッダから再び埋め込み配管を下って、床下の水タンクに戻る。

屋根上放熱器はオーバーヒートの原因なのか？　試運転の結果

本章1で、初期の特急「しなの」の故障の分類を示す円グラフ(2-1図)を掲載した。この中で機関関係の「温度高点燈」というのが、エンジンの水温上昇、オーバヒートを示している。これは、6.7%にすぎない。油温上昇もこの中に含まれるものと思われる。

「逆転機」「直結機構」で解説の通り、逆転機や直結機構が不調になると、走行機関は「お休みモード」になる。これが、水温上昇の原因のひとつであろう。逆転機、直結機構不調の発生頻度と、水温上昇の頻度を比べると、逆転機、直結機構不調がずっと多い。

つまり、逆転機、直結機構が不調となったとき、必ず水温上昇を起こしているわけではない。1台や2台が「お休みモード」になったところで、水温上昇にならないぐらいの余裕があり、放熱能力があったと考えてよい。

名古屋、長野間の特急「しなの」に続いて、上野−福島−山形−秋田間の特急「つばさ」にも、この車両を運行させることになった。

1970年1月に試運転を実施しており、

『ディーゼル』(1970.5.)に「181系特急気動車の性能試験結果について」と

いう試運転の結果についての記事がある。試験は、無動力車(食堂車)を2両、先頭車3両、中間車6両の合計11両で実施。温度計測は、上野寄りの最後尾車両2両で行なっている。急勾配区間の速度と温度については次の通り、

(以下原文のまま)

機関のカット別均衡速度は、9M2T(1機関カットの状態)で47.5km/h、8M3Tで40km/h、7M4Tでは27km/hまで低下するが、最も問題となる変速機油温度は72℃程度までの上昇で、夏季外気温度が高くなっても、110℃に達することはないであろう。

(『ディーゼル』(1970.5.))

9M2Tを1機関カットと書いているが、「8M3Tが1機関カット」の誤りと思われる。Mは動力車、Tは無動力車の数を表している。福島–米沢間を何度か往復して、都度、1台ずつ機関停止して測定している。この記事を読む限り、水温よりも変速機油温の上昇が問題となっていたことがわかる。「110℃」というのは、変速機油の保護装置が作動して機関停止する温度と思われる。

屋根上放熱器の能力については、とくに、問題になっておらず、検討事項にもあがっていない。この結果報告の中でも、屋根上放熱器の能力についての考察はない。

このときの計測は冬季だったので、7月末、夏季の能力確認のため、営業車での計測を行なっている。計測の都合で、上野寄りの先頭車(キハ181)と秋田寄りの2両目中間車(キハ180)で実施している。計測結果が、『ディーゼル』(1970.10)に記載されており、冷却水に関しては、下記の通り、キハ181の計測結果について記述されている。

(以下原文のまま)

外気温を比較すると、下り列車では42℃、上り列車では30℃であった。時間帯が遠うので完全な比較はできないが、下り列車の場合、測定車は最後部となるので前部車両からの熱気により外気温度はかなりの上昇となる。これに伴い冷却水温関係も影響を受ける。問額のこう配にかかると、6ノッチ、7ノッチの連続使用にもかかわらず、車速は45km/h

以下に低下、燃焼状態は悪化、排気温度、冷却水温関係とも上昇の道をたどる。機関が一番酷使されるのはこの瞬間であり、自動記録の一点一点に迫力がみなぎる。

しかし、やがて高度の上昇と、トンネル内の冷気とのハーモニーによって、前記最高値の平衡状態を数分間保って下りこう配に入った。

(『ディーゼル』(1970.10.))

「問額のこう配」と書かれているのは、「問題のこう配」の誤記と思われる。

なお、計測の都合で、中間車キハ180は結果が低目に出てしまった。このため、計測の結果や見解が記述されていない。また、電気機関車の補助は付けていない。

「時間帯が遠う」は「時間帯が違う」の誤記と思われる。時間帯について、念のため詳細を記載すると、下りは11時前後、上りは12時すぎ。計測が2日間にまたがっており、「時間帯が違う」というより、天候により、外気温が異なっていたのではないかと思われる。

夏期、冬期、両期間とも、屋根上放熱器についての記述はなく、冷却装置全般についても能力上の問題はない、ことになっている。

ただし、急勾配のトンネル内で停止してしまう、ということは想定していない。登り坂の途中で停止し、スタートする場合は最大出力を必要とするし、これが、トンネル内であれば、高温の排気が冷却空気の温度を上げてしまう。105ページの計算では「自然対流」の条件で計算しているが、周囲の空気が75℃、水温以上になることまでは想定していない。

なお、トンネル内での最後尾の車両については、冷却空気の温度が上昇することは当然といえる。これは、機器室に放熱器を装備した先頭車も同様であって、屋根上放熱器を採用した中間車だけの問題ではない。車両が動いている限り、数分後にはトンネルから抜け出る、との想定であろう。

キハ181系以後の車両に屋根上放熱器が採用されなかったのは、なぜか

キハ181系「しなの」の初期トラブルを「オーバーヒート」と書いている

HPや書籍は多い。エンジンや変速機の不調のことをオーバーヒートというのではない。本書解説の通り、初期トラブルの約60％は変速機のトラブルだった。トラブルの元凶がエンジンにあって、屋根上放熱器が原因なのだ、と思い込んでいる方が実に多い。

大型の屋根上放熱器はキハ181系の中間車にだけ搭載され、その後の車両には採用されなかった。だから、この屋根上放熱器は失敗作だった、と思っている人が多い。なぜ、採用されなかったのか。

・製作、組立に想定以上の手間がかかる(のでは？)
・性能維持・整備(簡単にいえば、掃除)が大変
・冷却ファンの動力は不要であるが、水を屋根上まで上げるためのポンプ動力が余分に必要
・冷房装置の点検のための歩廊を設けることができない。点検・整備作業の邪魔

といったことが考えられる。

計算で解説の通り、460枚ほどの放熱板が付いた放熱器を1両に16個載せている。

460 × 16 = 7360枚、これを掃除するとしたら、大変な手間がかかることは容易にわかる。

キハ180やキハ90、91の新車が試運転されている写真を見ると、この屋根上放熱器は白くピカピカに光っている。全車両の排気は屋根上に放出されている。またたく間に、放熱器が黒く煤けてしまう。

放熱しようとする機器を日光があたる屋根上に置いて、黒くする、ということが「非常識」であることぐらい素人にでもわかる。鉄道模型では、この車両の放熱器は黒でつくられているが、元々は、金属地金(熱伝導、重量を考慮してアルミ材であろう。写真の光沢からもアルミと思われる)のままで黒く塗っているわけではないと思われる。煤が堆積すると能力が低下することも「自明の理」であろう。ただし、上記奥羽本線での実測は、充分煤けた状態と推定されるので、汚れを考慮しても充分な能力があったと思われる。これも程度問題で分厚く堆積すれば、それだけ能力が低下するのは避けられない。どれだけ煤けているか、については外観写真だけでは判断しづらい。

意外にも、「冷房装置の点検整備に支障がある」というのが真相かもしれない。

意外な計測結果・排気温度がなぜ高いのか

東北本線福島から分かれて、奥羽山脈に沿って、山形、新庄を通って、日本海側の秋田へ出る路線がある。この福島から山形(米沢)の間に板谷(いたや)峠という山越え区間があって、線路の開通当初から蒸気機関車が苦労して越えていた。今では山形新幹線が軽々と越えているが、秘境といわれるような山の中にスイッチバックの駅が連続する区間だった。早くから電化されて電車や電気機関車が行き交うようになっていたが、羽前千歳(山形)～秋田間が電化されていなかったので、上野–秋田間の特急列車「つばさ」としてディーゼル車が走っていた。中央本線・篠ノ井線「しなの」に続いて、この区間にもキハ181系車両が運転された。上野駅で方向転換が必要であったが、途中で方向転換する必要がなく、逆転機については問題なく、また、直結機構も摩擦クラッチに改造して問題解消していた。

前項4で、この勾配区間の機関冷却水の放熱器の能力について解説した。多くの雑誌や文献の解説で、「屋根上放熱器の放熱能力に問題があってオーバーヒートを起こした」とされているが、放熱器の能力に問題はない。運行当初は自力走行していたが、不調が重なり、電気機関車の補助を付けることになった。この不調の原因は何だったのか、当時の計測結果から、不調の原因は「排気温度が高い」ことにあったものと推定される。実測値から見えてくる実態と筆者の見解をご紹介したい。

排気温度の実測の結果(キハ181)

『ディーゼル』(1970.10.)に「夏の33‰に挑戦したキハ181系(つばさ)について」という記事がある。この中の排気温度に関する事項は下記の通り。

(以下原文のまま)

排気温度の上昇の因子は過給空気量の減少により、燃焼不良をきたすために燃焼ガスの温度が上昇することにあるが、上り列車、下り列車ともに排気温度の最高は680℃であった。一般に排気程度の最高は650 ~ 700℃といわれるので夏の悪条件下の最高温度としてはまずまずであった。

(『ディーゼル』(1970.10.))

記事表題の「33‰(パーミル)」というのは、本章2の解説と同様、水平に1000m進んで、33m上がる勾配をいう。勾配の下から見ると立ちはだかるように見えるが、角度を計算すると約1.9°、時計の針の長針1分(6°)の1/3程度の角度でしかない。それでも、鉄道にとっては、急勾配であって、長野の冠着トンネルまでの25‰より急な坂であった。

どのぐらいの高度差があるか、国土地理院の地形図で見当をつけることができる。奥羽本線は庭坂駅付近から勾配が急になっており、庭坂の標高が約130m、板谷トンネルの出口、峠駅付近の最高点が約640mで高度差は約510m。逆方向は、米沢駅の標高が約250mなので、峠駅までの高度差は約390m。篠ノ井線は、篠ノ井駅が約350mで冠着トンネルの出口が約680m、高度差は約330m。

「一般に排気程度」と書かれているのは「一般に排気温度」の誤りと思われる。記事には計測グラフが付いており、下り秋田行では、B列4, 5, 6が最高温度695℃、上り上野行では、A列4, 5, 6が最高温度680℃あたりを示している。計測は10両編成の上野寄り端部の車両キハ181–9で実施している。下り秋田方面行きの列車では最後尾になる。吸入空気温度が高くなるので、条件は悪い、と思われるが、最前部となる上り列車でも680℃に達しており、計測結果に大差はない。

この計測の半年前、1970年1月に試運転列車で計測を行なっている。『ディーゼル』(1970.5.)に「181系特急気動車の性能試験結果について」という記事があって、排気温度の記載がある。ただし、その後の調査で、燃料噴射ノズルの不調があった、ということで、排気温度が高かったのは、別に問題があった、ということになっている。

「再結晶温度」といって、鉄は727℃を超えると結晶構造が変化する。記事では、排気温度680℃で「まずまずであった」と記述されているが、一般的にいえば、700℃は再結晶温度に近く、高すぎであって、650℃を上限にすることが多い。

排気温度の実測の結果(キハ91)

ところで、特急「しなの」の181系を製造する前、試作車としてキハ90、91があった。問題点を出しつくして、対策を実施するのが目的である。キハ91にDML30HSAを搭載している。この車両で、奥羽本線福島–米沢間を試運転した記録が『ディーゼル』誌に掲載されている。『ディーゼル』(1966.9.)に「新系列気動車の性能試験成績」という記事があって、1966年5–6月に新小岩工場、御殿場線、東北本線、奥羽本線で試験を実施。結果が表になっており、このうち、東北本線、奥羽本線での試験結果は次の表の通りであった。排気温度と圧力の項目についてのみ抜粋する。

(以下原文のまま抜粋)

機関吸・排気系各部の温度および圧力

注　※印KP付近の最高値を示す。　東北線および福米線
　　△印直入

キハ911 DML30HSA機関					
試験月日			6月3日	6月5日	
列車番号			9556D	9459D	9460D
測定箇所		キロ程	194 $^1/_2$ K	20K	26K
		ノッチ	6N	6N	6N
温度℃	排気	A列 1.2.3	645	660	660
		B列 1.2.3	650	670	640
		A列 4.5.6	635	650	635
		B列 4.5.6	590	665	640
		A列 タービン出口	520	535	535
		B列 タービン出口	505	540	530
圧力	kg/cm^2	排 気 A列	※0.93	※0.83	※0.85
		〃 B列	-	※0.78	※0.83
		過給空気 A列	※0.85	※0.85	※0.94
		〃 B列	※0.90	※0.80	※0.94
	㎜Ag	排気煙道抵抗A列	※480	※480	※520
		〃 B列	※480	※470	※500
		フィルタ抵抗A列	※330	※310	※330

(『ディーゼル』(1966.9.))

圧力の単位「mmAg」は「mmAq」の誤りと思われる。

mmAqという単位は、水柱マノメータという器具で計測したものである。10,000mmAqで1kg /cm^{2}に相当し、480mmAqということは、おおよそ4.7kPa (0.048kg/cm^2)に相当する。

福米線と書かれているのは、奥羽本線の福島–米沢の山越え区間のことである。

列車番号9459Dは福島→米沢の運転、9460Dは米沢→福島の運転。「キロ程」の20K, 26Kというのは、福島からの距離を示している。峠駅が26.1kmで、20Kは峠の頂上手前、26Kは峠の頂上付近での計測値、ということになる。

注記の「※印KP付近…」というのは、※印の数値は計測点20K, 26K等ではなく、この前後での最高値、という意味と思われる。

キハ91の機関DML30HSAは過給機がTB15で少し大きく、排気抵抗になるため、排気温度が高くなる。工場で、過給機を載せ替えして比較試験を実施し、過給機を小型にすることで、排気温度がかなり低下したという実測値がある。

また、このキハ91での運転試験の結果からは、吸気フィルタの容量が小さく、通路抵抗が大きいことも指摘されている。これが、空気量不足をまねき、燃焼を悪化させているとの指摘である。

ところが、この計測結果をみる限り、排気温度の最高値は660～670℃であって、本項冒頭のキハ181系の計測結果と比較してわかる通り、排気温度は殆ど変わらない。外気温の影響があると思われるが、改良したはずのキハ181系の方が温度が高いぐらいである。

工場定置試験(耐久試験)の結果

キハ181系のDML30HSC機関については「耐久試験」を実施している。これは、UIC試験といって、国際鉄道連盟の制定する「けん引車両用ディーゼル機関規則」に沿って試験を実施したもの。

『ディーゼル』(1969.4.)に速報、『ディーゼル』(1969.8.)に詳細報告が掲載されている。1968.12月に6日間の日程でエンジン製造工場で実施しているが、『ディーゼル』誌に掲載された記事数点により、試験の結果を考察してみる。

『ディーゼル』(1969.8.)に下記の「DML30HSC形機関の耐久試験について」と題した記事があって、試験の条件が記載されている。

(1) 定格負荷試験
600PS 2000r.p.m 80時間
(2) 過負荷試験
660PS 2000r.p.m 45分間
660PS 2200r.p.m 15分間
(3) 部分負荷試験
4ノッチ 185PS 900r.p.m 30分間
5 〃 300PS 1200 〃 30 〃
6 〃 460PS 1500 〃 30 〃
6 〃 540PS 1800 〃 30 〃
くり返し5回(10時間)
(4) 交番負荷試験
600PS 2000r.p.m 6分間
切ノッチ —— 約530r.p.m 4 〃
くり返し(9時間)
(『ディーゼル』(1969.8.))

なんと! 公称出力500PSの機関に600PSをかけて80時間稼動させている。片道4時間運転の「しなの」ならば、10往復を全力で走るのに相当する。回転速度2000rpmは、車輪径860㎜ならば、130㎞/h以上の速度となる。

ただし、工場で機関だけを単品試験しているので、実車とは条件が異なる。変速機は使わず、機関出力端のハズミ車に自在軸(推進軸)を付けて、水動力計と接続する。水動力計というのは、水制動機ともいって、2つの羽根車を向かい合わせにして、一方を機関で回し、一方を固定する。この間に水を流して、ブレーキをかけるようにする機械。固定した羽根車が回される荷重(回転力:トルク)を測定する。工場での試験なので、車載放熱器を使わない。試験報告書には詳しく記載されていないが、たいていの場合、水(井戸水)を直接エンジンに循環させる。また、排気管や消音器も工場の設備で代用する。エンジンの冷却水は温度条件を同じにすれば、屋根上放熱器でなくても、運転の条件は同じということになる。工場での定置試験なので、走行風が得られないから、屋根上放熱器は使えない。

この報告記事によると、定格負荷試験の結果は下記の通りであった。

定格負荷試験
80時間連続運転の平均値
出　力　600.3PS
燃料消費率　183.6g/PS-h
排気温度　A列　1, 2, 3　565.5℃
　　　　　　〃　4, 5, 6　582.1℃
　　　　　B列　1, 2, 3　541.7℃
　　　　　　〃　4, 5, 6　562.5℃
吸込負圧　A列　-264.0㎜/Aq
　　　　　B列　-260.8㎜/Aq
過給機回転速度
　　　　　A列　64,423r.p.m
　　　　　B列　64,655r.p.m

吸込負圧は、一般には200㎜/Aq以下で運転されるべきであるが、-260㎜ /Aqで排気温度は600℃以下であった。

また過給機の連続許容値730℃、70,000r.p.mに対しても十分余裕のある結果をえた。

(『ディーゼル』(1969.8.))

排気温度の「1, 2, 3」「4, 5, 6」という記載は、1, 2, 3シリンダと4, 5, 6シリンダをそれぞれ排気マニホルドで集合させて、この2口を1個の過給機に導いており、それぞれの温度を計測していることを意味している。つまり、この温度は過給機入口温度となっている。過給機は当時「しなの」の車両に使われていたTB15Aから、より小型のTB11に変更した機関を試験に使っている。

吸込負圧というのは、過給機のブロア(吸入空気)の入口、吸い込み側の圧力である。-260㎜ Aqということは、おおよそ -2.5kPa(-0.026kg/㎠)に相当する。エアフィルタが目詰まりを起こすと、この負圧が大きくなり(-300㎜Aqとか -400㎜Aq)空気量不足となって燃焼状態が悪化、排気温度が上がる。この説明は、「一般に -200㎜ Aq以下(-100㎜とか -150㎜)にすべきところ、-260㎜ Aqであったが、排気温度は600℃以下だった(心配するほど排気温度は上がらなかった)」ということを意味している。

試験条件で記載の通り、660PSの過負荷試験も実施している。

ただし、この試験では、途中、動力計が故障して3回停止した、と記述されており、完全な連続運転ではない。また、(1)～(4)全部の試験を実施後、分解点検したところ、A列1, 3ピストンの第3リング(上から3番目のピストンリング)が折れていた。折れながらも脱落することなく稼動していたのだろう。その他、何点かの不良箇所があって、対策することになった。

排気温度の数値を冒頭の峠越えの結果と比較すると、100℃以上、こちらの方が低いことがわかる。しかも、機関出力は公称値をはるかに超える600PSである。

この結果だけをみると、上野–秋田間の特急「つばさ」の奥羽本線福島–米沢間、所要時間30分程度の峠越えなど何の苦もなくこなせるはず、と思える。

なぜ排気温度が高いのか

同じエンジンでありながら、工場試験では600PSの出力でも排気温度は600℃以下なのに、実車では、排気温度は700℃に達しようとしている。こ

関西本線の臨時列車のキハ181
(2002年撮影)

の違いは、もはや、エンジンそのものの差ではない。工場試験と実車の差、ということになる。では、この計測結果の差は何が原因なのか。

ここで記述したように、工場試験と実車では、周辺の機器が異なる。

排気温度に影響する要素として、筆者は、実車では排気管の口径(太さ、通路断面積)が500PSを出したときの排気ガス量に見合っていないのではないか、という疑いをもっている。排気の抜けが悪く、「背圧(はいあつ)の高い」のが、燃焼を悪くした原因なのではないか、と思えてならない。

排気が、スッキリ排気管から放出されないと、燃焼室(ピストン・シリンダで形成される部分)にいつまでも排気ガスが残る。排気ガスは燃焼に必要な酸素が少ないので、燃焼行程で燃焼不良を起こす。黒煙ばかり出る、燃料消費量が増える、排気温度が上がる、排気ガス量が増える、背圧が上がる、排気が出ていかない、悪循環である。

排気出口は車両端部の角に配置されている。排気管は駆動台車の上、車体強度部材の中をくぐって通してある。本来なら、500PSの出力に見合うだけの太い排気管でつなぎたいところだが、狭いところを通すために、充分な口径の排気管を配置することができなかったのではないだろうか。あるいは、床下スペースの制限で充分な大きさの消音器を設置できなかったのではないか。

排気管の計算をしてみる

そこで、排気管の管路抵抗がどのくらいになるのか、計算してみる。

DML30HS系機関の500PS/1600rpmでの燃料消費率を、公表されている性能曲線から読むと177g/PS-hとなっている。燃料消費量は、

177 × 500 ÷ 1000 = 88.5(kg/h)となる。

軽油1kgを燃やすに必要な空気量は14.2kgとわかっているので、これから必要な空気量を求めることができる。ただし、この空気量は「理論空気量」といって、空気に含まれる酸素の量が軽油をキッチリ燃やしきる量、燃やした後にまったく酸素が残らない最低限度の空気の量を示している。ディーゼル機関では、最初に空気だけを吸い込んで、そこに燃料を噴射して、1/1000秒単位の短時間で燃やさなければならないので、最低限度の空気では酸素と出会えない燃料粒が出てくる。そこで、余分に大量の空気を取

り込んでおく。余分に何倍の空気量を取り込むか、という倍数を「空気過剰率」という数値であらわす。『内燃機関』(山海堂)という書誌にDML30HSHの過給機性能線図上に計測結果をプロットした図があるので、これから500PS/1600rpmでの吸入空気量を読み、これをもとに計算した。この計算により、空気過剰率＝2.3という結果を得た。実際の空気量は、

88.5(kg/h)×14.2×2.3＝2890.4(kg/h)ということになる。

1秒間にすると、約0.8kgとなる。空気の重量は1.29kg/m^3(0℃、1気圧換算)なので、0.8kgの空気は約0.62m^3(立方メートル)(注1)で、一般的な家庭の浴槽2倍ぐらいの容量である。1秒間にこのぐらいの空気を吸い込んでいる。

「質量保存の法則」といって、軽油が燃えるという化学変化を起こしても、その前後で重量は変わらないので、排気ガスの量は、取り込んだ空気と軽油の重量の合計であって、

2890.4(kg/h)＋88.5(kg/h)＝2978.9(kg/h)≒2979(kg/h)となる。

排気ガス1kgが何m^3なのか、がわからないとこの結果から体積にすることができない。これは、高校の化学の知識を駆使すれば求めることができるが、読者の中には、「化学の知識は忘却の彼方」あるいは、「化学の授業がなかった」という方も多いかと思われるので、別掲にする。計算の結果だけを記載すると、このときの排気ガスは1.32kg/m^3(0℃、1気圧換算)となる。これから、排気ガスの量は、

2979(kg/h)÷1.32＝2257(m^3/h)(0℃、1気圧換算)

「0℃、1気圧換算」と記載しているのは、気体の体積は圧力と温度で変化するので、0℃、1気圧のもとでの体積、ということを意味している。高校の化学で呪文の如く、さかんに出てくるので、覚えている方も多いのではないだろうか。

実車試験での排気温度650℃、670℃というのは、過給機入口の温度である。過給機でタービン羽根車を回すことにエネルギを使う(膨張する)ので、

(注1) m^3は「りっぽうメートル」と読む。1辺1mの立方体の体積のこと。これを、俗称として、立米と書き、「リュウベイ」と読むこともある。1m四方の面積1m^2(へいほうメートル)を1平米、ヘイベイというのと同じである。メートルという単位が入ってきたとき、これを「米突」と漢字表記したのが由来なのだそうだ。技術屋が仲間うちで話をする際に、○○リュウベイということがある。リュウベイもヘイベイも俗称であって、公式文書では使わない方が良いだろう。正規の単位としてm^2、m^3と表記するべきであろう。

過給機出口では温度が下がる。100℃温度が下がるものとして550℃まで低下すると仮定すると、この温度での排気ガスの量は、

2257(m³/h)×{(273+550)/273}＝6804(m³/h)

1秒間にすると、6804(m³/h)÷3600＝1.89(m³/s)

排気管の内径を200㎜とすると、断面積は$\pi \times 0.1^2 = 0.0314$(m²)

排気管内を流れるガスの速度は1.89÷0.0314＝60.2(m/s)

排気管の管路抵抗は、この流速と係数を使って算出する。係数を求める方法は「流体工学」の講義の領域となる。ここでは、計算の結果だけを記載する。管長さ1mの管路抵抗は、水柱マノメータの表示値で示すと7.47㎜Aq(≒73.2Pa)となる。

エンジンの過給機出口から屋根上の排気出口までは、約20mぐらいと思われるが、管の曲がりや消音器の抵抗もある。そこで、これらをまっすぐな管に相当するものとして管の長さを60mに相当すると仮定すると、管路抵抗は7.47×60≒448㎜Aqとなる。

キハ91の実測値として470～520㎜Aqと記録されている(115ページ)から、実測値にかなり近い結果が得られた。

1章6で解説の通り、平坦路を120㎞/hで走行する際には、200PS程度の動力しか必要としない。このときの燃料消費率や空気過剰率がわからないが、排気ガス量(重量流量)は大略、機関出力に比例する。そこで、排気ガス量を200/500とし、排気温度を450℃と仮定して同様の計算をすると、排気ガスの速度は21.1m/sとなり、管路抵抗は1mあたり1.25㎜Aqまで低下する。管長さ60m相当としても75㎜Aqにしかならない。排気ガスの流れる速度は1/3、排気抵抗は1/6である。

これは、いいかえると、平坦路を120㎞/hで走行するのに比べ、勾配区間に入ると、排気ガスの流れる速度は3倍に、排気抵抗は6倍に増加するということを意味している。

上野から福島まで、多少の勾配区間があったとしても快調に走破してきた特急列車が、福島からの登り勾配にかかると、またたく間に不調になっていった原因はここにあったと思えてならない。乗用車も高速道路を高速で走ることよりも、山岳道路を登るとか立体駐車場を上層階まで上がる方が燃料消費量も多いし、機械の負担も大きい。

なお、同じ500PSのエンジンを載せた急行用のキハ65も四国の急勾配の

続く線区で試験しており、ここでも排気温度は670℃の高温を記録している。キハ65はトラブルがなかったと思われているが、同伴のキハ58が助けていたのではないか。

本項冒頭の引用に記載のように「過給空気量の減少により、燃焼不良をきたすため」という「風が吹くと桶屋が儲かる」的なまわりくどい理屈ではなく、単純に「排気ガスがスッキリ出ていかない」ことが不調の原因ではないだろうか。

機械に限らず、さまざまなトラブルもあれこれ思索をめぐらすうちに、迷路に迷い込んでしまうことがある。冷静になって考え直してみると、実に簡単で直接的な理屈だった、ということは往々にしてある。

(別掲)排気ガスの成分と1m^{3}あたりの重量

軽油を燃やすために取り込まれる空気には、酸素と窒素他の気体が含まれている。酸素は燃焼に使われるが、窒素他の気体はそのまま排気ガスに出てくる。空気中に酸素は21%含まれている。この数値は体積比率である。窒素より酸素がごくわずか重いので、重量比率では23%となる。この残り77%が窒素他の気体なので、取り込んだ空気量が2890.4(kg/h)ならば、排気ガス中の窒素他は、2890.4(kg/h) × 0.77 = 2225.6(kg/h)

取り込んだ空気中の酸素量は、2890.4(kg/h) × 0.23 = 664.8(kg/h)

燃焼に使う酸素量は、120ページの解説の通り、88.5(kg/h) × 14.2 × 0.23 = 289.0(kg/h)

この差、664.8 − 289.0 = 375.8(kg/h)は使われなかった酸素で、これが、排気ガスに出てくる。

排気ガスは、取り込んだ空気中に元々入っていた窒素他と使われなかった酸素、軽油が燃えてできた炭酸ガス(二酸化炭素)と水が主成分となる。炭酸ガスと水の合計量は、全排気ガス量から窒素他と使わなかった酸素を差し引けばよいわけ(注2)で、

(注2) 燃料の軽油88.5kg/hとこれを燃やすに必要な酸素量289.0kg/hの合計、88.5(kg/h) + 289.0(kg/h) = 377.5(kg/h)、という計算でも同じ結果である。「質量保存の法則」で、軽油と酸素が化合(燃える)して炭酸ガスと水に変化しても、元の軽油と酸素の「kg」は変わらない。ただし、体積「m^3」は、変化する。

2978.9(kg/h) − 2225.6(kg/h) − 375.8(kg/h) = 377.5(kg/h)

軽油は炭素と水素が結びついた成分が何種類も混ざりあってできているが、燃えると炭素は炭酸ガスになり、水素は水(水蒸気)になる。分子の数でみると、できる炭酸ガスと水は炭酸ガス100に対して水95ぐらい。そこで、ここでは100：95 = 1.026：0.974として計算する。また、炭酸ガスと水の重量(分子量)は、炭酸ガス44に対し、水は18なので、倍半分以上の差がある。

この比率で、炭酸ガスと水の合計量を分ければ、それぞれの量を求めることができる。

炭酸ガスは、377.5(kg/h) × {44/(44+18)} × 1.026 = 274.9(kg/h)

水は、377.5(kg/h) × {18/(44+18)} × 0.974 = 102.6(kg/h)

ここまでの計算結果を下表にまとめる。各気体と燃料の流れの概念を**2-16図**に示す。

	排気ガス中の量(kg/h)	比率(%)	分子量	分子量×比率
窒素他	2225.6	74.7	28	20.92
酸素	375.8	12.6	32	4.04
炭酸ガス	274.9	9.2	44	4.05
水	102.6	3.4	18	0.61
合計	2978.9	100		29.62

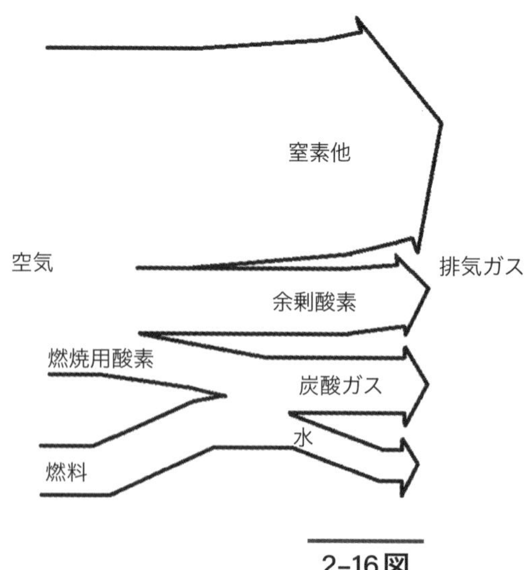

2-16図

表に示すように、量から比率を求め、それぞれの分子量をかけて、合計すると、表の右下に示すように29.62という数値が得られる。これは、単位量(化学では1モルという)の重量(g)であって、0℃、1気圧のもとで22.4リットルという一定の体積を占める。これから、

29.62 ÷ 22.4 = 1.32(g/ℓ)=1.32(kg/m^3)

という結果が得られる。この数値を使って、排気ガスの体積を求める。

ここまでの計算と上表からわかる通り、排気ガス中の酸素と窒素濃度はどれだけ余分に空気を取り込んだか、空気過剰率だけわかれば計算できる。逆に、排気ガス中の酸素濃度を測定すれば、空気過剰率を計算することもできる。空気中の窒素濃度は77%(重量%)だから、排気ガス中の窒素濃度もあまり変化がなく、殆どが窒素ガスであることがわかる。

窒素と酸素を混合して高温にすると、結合して窒素酸化物を生成する(水や炭酸ガスに比べてごく微量なので、計算していない)。窒素酸化物のことを化学記号でNOxと表記する。NOxは大気汚染で問題となるのでどこかできいたことがある方は多いだろう。最近、水素を燃料とするエンジンのことをきくことがある。燃えても水しか出ない、と宣伝されているが、空気中で燃やす限り、水素といえども条件によっては窒素酸化物を生成する。

エンジンを小型にする工夫・特異なクランク軸

機関クランク軸の動力を出す側、車軸につながる側を後端という。これと逆の側を前端という。

国鉄型車両のV型や水平対向型機関では、前端側から見たとき、左側のシリンダ列をA列、右側をB列という。A，Bという呼称はわかり難いので、L，Rと称する機関屋は多い。ただし、後端から見て、左右、LRという機関屋もあって決められた定義というものがない。

水平対向型のDML30HS系機関の左右、A列#1とB列#1のシリンダは軸方向に50㎜ずれている(#2〜#6まで同様。B列が前側)。左右同じ連接棒を嵌めてあるから、連接棒の大端部の厚さ分だけずらさざるをえない、という理屈。

2-17図は、V型、水平対向型機関のクランク軸1屈曲だけを抜き出した図で、左右2個のピストンの中心が連接棒大端厚さの1/2×2だけずれているのがご理解いただけるだろう。

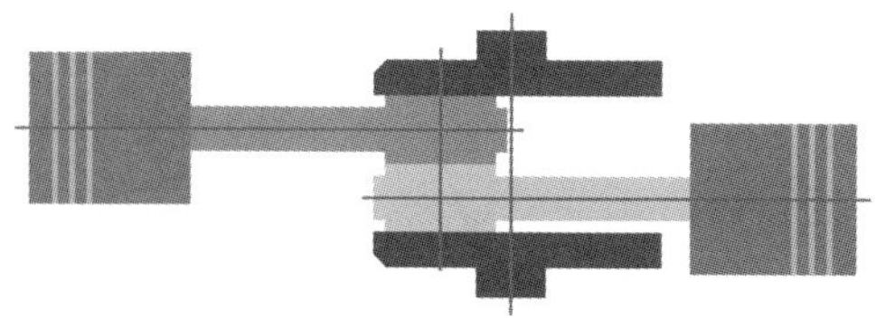

2-17図

初期のDMF15HS、DML30HS系のピストン、クランク機構を模式的に描いたのが**2-18図**、**2-19図**で、機関を上(客室床面側)から見た図を描いている。

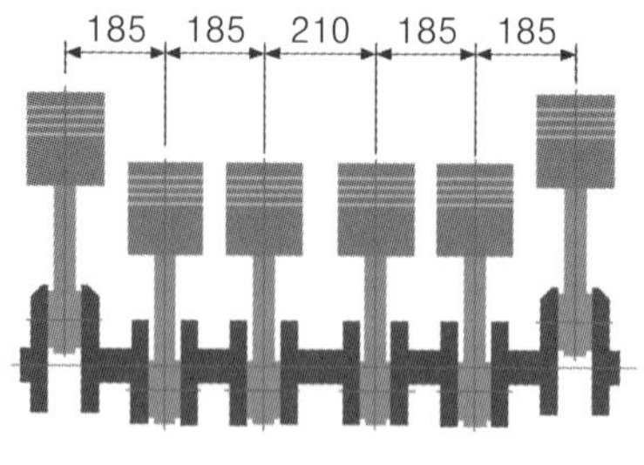

2-18図

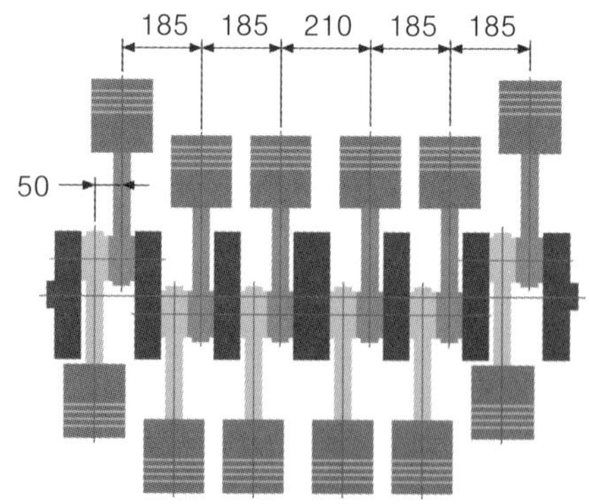

2-19図

ともに、シリンダの間隔(シリンダピッチ)は# 1～#3、#4～#6がそれぞれ185㎜、#3と#4の間は210㎜となっている。(注1)

同じシリンダピッチなので、DMF15HS、DML30HS系、両者のシリンダヘッドは共通部品になっている。

左右に6気筒を配置したDML30HS系のシリンダヘッド左右についても全部同じ部品を使っている。左右で鏡反転したシリンダヘッドをつくっているわけではない。

ところが、DML30HS系では、A列B列、両側の連接棒を嵌めるために、本来ならば、少なくともシリンダピッチを大端部の厚さ分(50㎜)だけ広げなければ成り立たない。

そこで、これをどうしているか、DMF15HS(**2-18図**)のクランク軸はごく一般的な形状をしている。1章1の写真の自動車用と同様の形である。クランクケースにスベリ軸受を介して収められて、回転するようになっている。軸受の間の連接棒が嵌まるクランクピン部との間は厚いウェブ(腕部)でつないでいる。(注2)

これに対し、DML30HS系(**2-19図**)のクランク軸は、クランクピンに左右AB列の連接棒、厚さ50㎜×2を嵌めると(シリンダピッチ185㎜－50㎜×2で)残りは85㎜しかない。

そこで、この85㎜を大きな円盤状にして、ローラベアリングを介して、クランクケースで支えている。2つの円盤をつなぐようにクランクピンを設けている。

つまり、DML30HS系のクランク軸はクランクジャーナル(軸受軸部)と

(注1) 初期のDML30HSからDML30HSFまではシリンダヘッドが3気筒分1体の構造であった。上記説明と図は初期型DML30HS系の説明。DML30HSHよりシリンダヘッドを各シリンダ毎1個に変更した。DMF15HSも同様に変更され、DMF15HSAと改称された。これに伴い、シリンダピッチは全部210㎜となった。DML30HSFの改良型はDML30HSHに飛ぶ。発電用機関には「-G」を付けるので、これと混同するのを避けるため、改良型としてのGを使わない。1本のクランクピンに左右の連接棒を嵌めるV型機関で、片方の連接棒の大端部をフタマタのフォーク状にして左右のピストン中心を合致させるものもある。DD54のDMP86Zがこのような形状になっている。

(注2) クランク軸ジャーナル部をクランクケースに保持している軸受を主軸受といい、DMF15HS系のような6気筒機関ならば、各シリンダ間と両端の7ヶ所に主軸受がある。隣合う2つの主軸受の間に連接棒の大端部1ヶ所があって、主軸受から隣の主軸受までを1スローという言い方をする。DML30HS系のように水平対向機関も左右の連接棒が隣接して取り付けられているから主軸受は7ヶ所となっている。

ウェブ(腕部)を一体にして全長を詰めている。

床下の限られた空間に大出力の機関を収納するがために全長を短くしなければならず、このような特異な形状のクランク軸を生み出した。

DMF15HSのクランク軸は、微量のニッケル、クロム、モリブデンを含むSNCM240合金鋼を使用し、硬さの必要なスベリ軸受の部分は高周波焼き入れを施している。

DML30HS系のクランク軸は、出力が2倍になるのと、主軸受となるローラベアリングの部分がローラの転動面になるので、とくに強度、硬さが必要となる。50CrMo4(炭素量0.5%、クロム、モリブデンを含む鋼材)合金鋼を使用し、必要な部分には高周波焼き入れを施す(材料記号は『ディーゼル』(1968.12.)による)。世間一般の感覚からいうと、炭素量の0.5%は少ないように思われるが、鋼材の炭素量としては多い部類に入る。焼き入れにより硬い材料になる。

高周波焼き入れにより、連接棒大端部の嵌まる軸部、クランクケースに嵌まる軸部、ローラベアリング転動面の表面だけを硬くする。

高周波焼き入れを施した部分は、所定の寸法精度に仕上げるのだが、硬度の上がった部分はもはや切削工具を当てても削ることができない。そこで、高速回転する砥石で少しずつ慎重に仕上げる。

2-20図はDMF15HSの後端側(変速機とつながる出力側)の#4～#6の断面を描いている。

連接棒大端部が嵌まる部分をクランクピンといい、これが6ヶ所なので、各クランクピンは120°の角度で配置されている。この図では、#6シリンダが上死点で、#4と#5は描画の都合

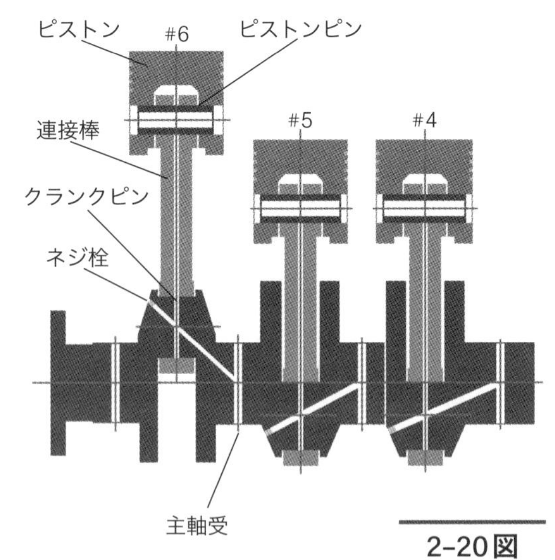

2-20図

で、同じ高さで描いているが、画面に対して、ムコウ側とコチラ側に#6から120°の角度をなしている。DMF15HSのクランク軸は7ヶ所の軸受(主軸受という)で支えられている。

ボールやローラを使ったコロガリ軸受ではなく、銅合金を使ったスベリ軸受になっている。

当然のことながら、このスベリ軸受の内径は、鋼でつくられたクランク軸よりミクロン単位でごくわずか大きく製作されていて、微小なスキマを保つようになっている。

このスキマにオイルポンプで圧力を上げた潤滑油が流れ込んで、軸を油膜で支えている。

この軸受の微小スキマを流れた潤滑油はオイルパンに落ちていく。

ただし、オイルポンプで圧送されてくる油の多くは、スベリ軸受の溝を通って、クランク軸にあけた油孔に入っていく(注3)。油孔というのは、ドリルであけた孔で、軸部を貫通している。この孔はウェブから斜めにあけた孔とつながっている。孔から孔へと貫通させるのは、高度な加工精度を必要とする。

さらに、クランクピン(連接棒を嵌めた軸部)にあけた孔ともつながっている。クランクピンの油孔は、この図では上下にあけたように描いているが、実際には、画面に直交方向にあけられている。

ウェブからあけた斜めの孔はネジ栓をして、油がクランク外に流出しないようにしてある。

主軸受からクランク軸内部に入った油はこれらの油孔を通って、連接棒大端部のスベリ軸受を潤滑する。この軸受もクランク軸を支える主軸受と同様である。

このスベリ軸受にも溝が設けてあって、余剰の油は連接棒内部にあけた油孔を通って、ピストン側、連接棒小端部のピストンピンのスベリ軸受を潤滑する。

最後に、余剰の油は連接棒小端から噴き出して、ピストンの裏側に吹きつ

(注3) クランク軸には、各シリンダ内で燃焼したガスの圧力を受けて、大きなネジリ力が働く。ネジリ力が材料の強度を超えると軸が折れてしまう。この破壊はたいてい油孔が起点となる。これを避けるため、油孔の周囲の角を落として、丸く仕上げる。この仕上げも滑らかに、わずかなキズもないように仕上げられる。

けられ、ピストンを冷却する。各部を潤滑した油は、全量、オイルパン(エンジン下部の油受)に戻っていく。

2–21図はDML30HS系の後端側の#4～#6の断面で、**2–20図**と同様である。

こちらも、クランクピンが6ヶ所なので、120°の角度で配置されている。

この図では、#6シリンダのB列(図の上側)が上死点、A列(図の下側)が下死点の位置を描いている。

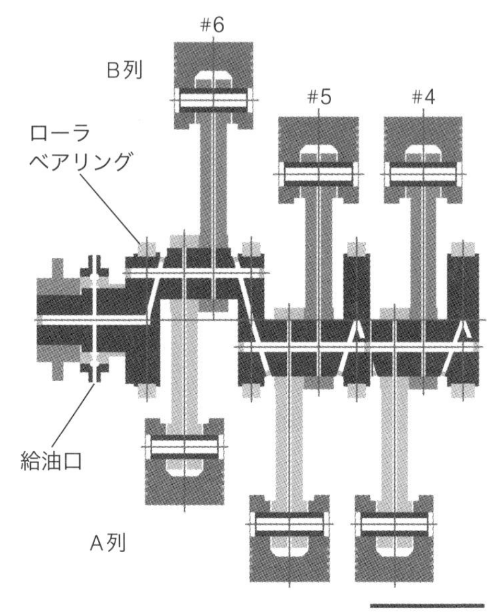

2–21図

#4と#5が、画面に対して、ムコウ側とコチラ側となっているのも、**2–20図**と同様である。

DML30HS系の場合は、クランク軸を支える軸受がローラベアリングのため、潤滑油を供給しても、軸受を潤滑した油はローラの間からそのまま、全量オイルパンに落ちてしまう。そこで、クランク軸の両端から連接棒大端部に給油するための油通路がつくられている。

シールリングで油が流出するのを防止しながら、回転するクランク軸内部に油を圧送する。クランク軸内部に押し込まれた油は15HSの場合と同様、クランク軸に斜めにあけた孔を通って、クランクピンに入り、連接棒大端部のスベリ軸受の潤滑、小端部のスベリ軸受の潤滑の後、小端から噴き出して、ピストンを冷却する。

DMF15HSは、7ヶ所の主軸受のスベリ軸受に潤滑油が直接供給されて、この主軸受からそれぞれの連接棒大端部に潤滑油が供給されているので、潤滑の条件が良い。

これに対し、30HS系では、クランク軸両端2ヶ所の給油口からしか潤滑油が供給されない。両端の#1，#6は潤滑油が充分いきわたるが、#3，#4は供給口から遠く、油の供給量があやしくなってくる。

なお、このクランク軸の形状は、DML61ZB、DE50のDMP81Zにも採用されている。また、DD54のDMP86Zも同様のクランク軸が採用されている。

特急「しなの」の運行開始からちょうど1年、10月頃から#3, 4の連接棒大端部の軸受部の焼損が発生するようになった。気温が下がって、油温が低く、潤滑油の粘度が高くなって油が行き渡りにくくなっていたのが原因のひとつ。

また、長時間停止していたエンジンで多く発生した。これは、停止している長時間の間にオイルクーラの油がオイルパンに落ちてしまい、これを再充填している間、油が行き渡らないことが原因であった。オイルクーラは水冷で、エンジンの上部に配置されている。対策として、油配管の形状を変更して、オイルクーラの油が落ちないように改造した。

水平対向型はＶ型とは言わない

ドイツのBMW(ベーエムヴェー)社に水平対向型のエンジンを動力にする二輪車がある。

2–22図は水平対向のクランク軸、連接棒、ピストンを概念的に描いたもので、小型の水平対向機関はこのような形状になっている。この図は、クランク軸が半回転180°回った位置を上下に描いている。連接棒、ピストンは、左右同じモノを組み込んでいる。

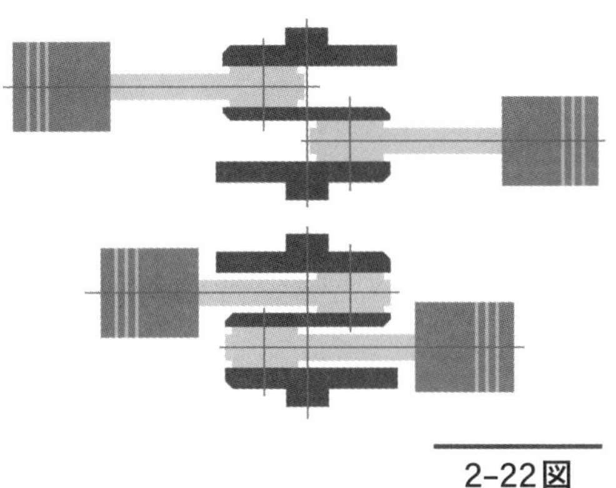

2–22図

左右の連接棒を嵌めるクランクピンを180°反転した位置に設けていて、左右のクランクピンが別々になっているので、この間をウェブ(クランクアーム=腕部)でつないでいる。このようなクランクを位相クランクと呼んでいる。中には、中間のウェブを左右に分けて、支えとなる軸受ジャーナルを設けたものもある。こうなると、直列型(ピストン・シリンダが同じ側に並ぶ形)とクランク軸の形状は同じとなる。

左のピストンが燃焼行程で左から右に動いていくとき、右のピストンは右から左に動いて吸気行程となる。左右のピストンは振動を打ち消すように動いている。

左のピストンが排気行程で右から左に動いていくとき、右のピストンは左から右に動いて圧縮行程となる。ハズミ車が回転する慣性と車体が動くことによって車軸から回されて動いていく。この後、右のピストンが燃焼行程に入る。

4ストロークエンジンの各行程とピストンの動いていく方向を表にする。

行程	ピストンの動き		行程
燃焼	→	←	吸気
排気	←	→	圧縮
吸気	→	←	**燃焼**
圧縮	←	→	排気

左右のピストンが交互に燃焼行程に入る間に、それぞれの圧縮行程があって、これが独特の振動を生みだす。

往復ピストン機構は、回転速度の2倍、3倍、4倍と整数倍の振動を発する。これらの振動と、左右のピストンが交互に燃焼する加振力とが、独特の「クセ」となって、BMWの二輪車の愛好家を魅了するのであろう。このことから、「左右にパンチを繰り出す拳闘家のようだ」といって、BMWの二輪車の愛好家はこのエンジンを「ボクサー」と称する。

一部の四輪車には、**2–22図**の上下の図をつないだようなクランク軸機構をつくって4気筒にした水平対向のエンジンが使用されている。この場合は、一方の組のピストンが圧縮行程のとき、他方の組が燃焼行程となって、相互に補完しあう。理想的といえば、その通りなのだが、2気筒独特の「クセ」は失われるのではないだろうか。

一方、鉄道車両のDML30HS系のような水平対向12気筒機関では、**2–23図**に示すように、1回屈曲するクランクスローのクランクピンに左右の連接棒を嵌め込んでいる。左のピストンが燃焼行程で左から右に動いていくとき、右のピストンも左から右に動いて圧縮行程か排気行程となる。

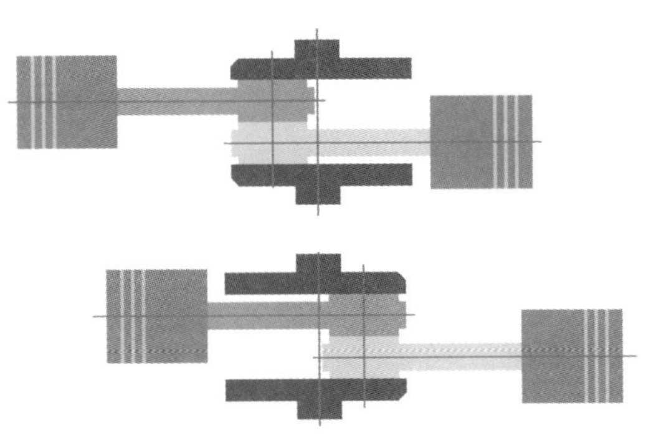

2–23図

位相クランクを使った場合と同様に、各行程とピストンの動きを表にしてみる。

行程	ピストンの動き		行程
燃焼	→	→	圧縮
排気	←	←	**燃焼**
吸気	→	→	排気
圧縮	←	←	吸気

位相クランクにするには、中間のウェブが必要となって、クランク軸が長くなってしまう。左右のピストンは振動を打ち消すのではなく、増長するように動いている。

片側で6個のピストンがあって、これらがお互いに振動を打ち消すように動くので、位相クランクを使わなくても全体としてバランスがとれる。

このような水平対向12気筒機関を、わざわざバンク角(左右のVの角度)180°のV型機関なのだ、という方もいるが、「V型機関には、位相クランクを使わない」というキマリはない。そもそも、エンジン屋はバンク角180°をV型とはいわないし、世間一般でも180°を「V」とはいわない。したがって、エンジン屋はDML30HS系のようなエンジンも水平対向型という。「水平複列型」という表記をする場合もある。

V型機関の場合であっても、1つのクランクピンに左右の連接棒を嵌めるとは限らない。鍛造技術、工作技術の進歩なのか、最近では、Vのバンク角によって、クランクピンの位相角を変えるものが増えている。

写真は、「愛知製鋼鍛造技術の館」に展示されている自動車用V型機関の位相クランクである。△マークを付けた軸部がクランク軸の中心軸で、この4点でクランク軸が支えられる。△マークの間の2ヶ所の軸部に左右各列の連接棒大端部が嵌まる。左右の連接棒大端部軸は同

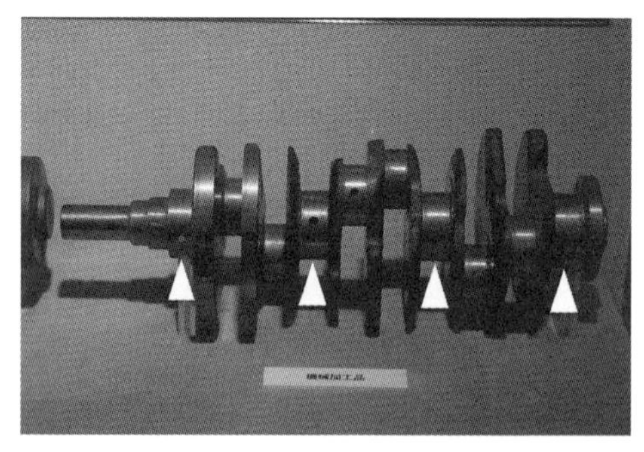

V型6気筒クランク軸
(愛知製鋼鍛造技術の館)

じ軸上にない。

俗称として、水平対向型を「ボクサー」というようだが、BMWの二輪車の**2気筒**機関をボクサーと称したい。生身の人間が息をつぐかのような圧縮行程があり、左右に揺すられるように動くからこそ、「左右にパンチを繰り出す拳闘家のようだ」と称されるのであって、いかに強力な選手であっても、息もせずに連続的にパンチを繰り出すことはできない。ましてや、千手観音の如く、4本も6本も腕があるのは、もはやボクサーとはいい難い。

なお、BMW社のMは、MotorのM(語尾変化してMotoren(モトーレン))。英語読みするとモータだが、ドイツ語ではモトールと読む。ドイツ語のMotorは、電気で動くものだけでなく、原動機(エンジン)もMotorという。国鉄のディーゼル機関の型式をDML30HSなどときめている。このDMはDiesel Motor(ディーゼル・モトール)を意味している。

台車の４個の車輪は全部つながっている（1）

出力500PSの機関を搭載したキハ180系は台車の2軸を推進軸でつないで、両軸4輪を駆動していることは、1章6と7で解説した。ここでは、2軸を駆動する機構がどうなっているのか解説する。

2–24図はキハ181系の駆動系の概念を描いたもので、右端のフタマタ部が機関・変速機に接続された第1推進軸の十字継手を示している。

変速機から出た動力は、この第1推進軸で台車内の第1減速機を動かす。第1推進軸で駆動される軸にはカサ歯車が付いていて、第1の動輪(図の右側車輪)を駆動する。

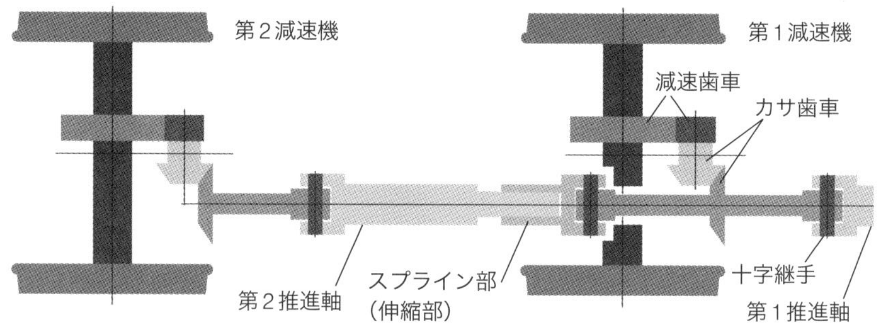

2–24図

軸の他端には第2推進軸が接続されていて、台車内の第2減速機を動かす。第2減速機内にも同様のカサ歯車が付いていて、第2の動輪(図の左側車輪)を駆動する。こうして台車内の2軸が駆動されるようになっている。

動輪2軸はそれぞれ軸バネがあって、線路の継ぎ目や分岐器を通過するときに、それぞれ勝手な動きをするから、第2推進軸も十字継ぎ手とスプライン(注1)で自由に動けるようになっている。

(注1) スプライン：**2–24図**の「スプライン部(伸縮部)」と記載した部分は、左側の軸状の外歯と右側の筒状の内歯(歯数同じ)が嵌め合わせてある。両者の間には、ごくわずかの隙間があって、歯面で動力を伝達しつつ、軸方向にスライドできるようになっている。

カサ歯車の歯数は28：23で一旦増速される。増速された軸と動輪の間に歯数16：46の減速歯車があって動輪を駆動している。これらの歯車は動力を滑らかに伝達するため、斜めに歯が切られている。それぞれ「マガリバカサ歯車(曲がり歯傘歯車)」「ハスバ歯車」という。ハスバ歯車は上下に配置されていて、カサ歯車のほぼ真下に車軸が通っている。**2-24図**ではこれを展開して描いている。添付写真は電車の車軸の大歯車で、歯が斜めに加工されている。「ヘリカルギヤ」と記述する解説もある。

キハ181系の変速機(DW4)内部には逆転機構が組み込まれていて、歯数48：49の減速歯車がある。

変速機が機関と直結になっているとし、エンジンクランク軸が1600rpmで回ったときの各軸の回転速度を計算すると、下表のようになる。

		歯数	回転速度(rpm)
変速機(逆転機)	平歯車	48	1600
	平歯車	49	1567
減速機	マガリバカサ歯車	28	1567
	マガリバカサ歯車	23	1908
	ハスバ歯車	16	1908
	ハスバ歯車	46	663

動輪径を860㎜(公称)とすれば、

663 × (0.86 × π) × (60/1000) = 107(km/h)

となる。

容易にわかる通り、もし動輪径に差があると、動軸2軸間に回転差を生じてしまい、歯車に無理がかかって壊れてしまうおそれがある。整備の際、2軸の動輪を削って、動輪径を合わせるようにしている。

ハスバ歯車の例
径の大きいのが歯車。歯が斜めに加工されている。歯車の左右に写っているのはローラベアリング。円錐コロ軸受(テーパローラベアリング)という種類の軸受。外周の転動輪が外されていて、ローラと保持器が写っている。
(新津鉄道資料館)

名車・機関車DD51

山陰本線余部橋梁を渡る。
（山陰本線1987年）

紀勢本線、貨物列車。
（紀勢本線2002年）

機関車を軽くすると性能低下する

1章冒頭で解説の通り、お客を乗せる車体の床下にディーゼルエンジンを付けて自走できる車体をディーゼルカー、気動車という。気動車の場合、一部(キサシ80, 180, キサロ90など)を除いて、各車両にエンジンがあって自走する。他の車両を引っ張っていく能力はあまり重要でない。

これに対し、動力を持たない客車や貨車を引っ張るために大きなディーゼルエンジンを付けた車体(お客を乗せるようにつくられていない)をディーゼル機関車という。機関車は、他の車両を牽引できなければ意味がないので、「牽引力」が問題となる。

幹線用機関車DD51の駆動力

幹線用としてつくられたディーゼル機関車DD51型について「駆動力」を計算してみる。

1100PS/1500rpmの機関で2軸を駆動する動力装置を、前後のボンネットに各1セット。合計2台の動力を持つ大型の機関車である。全長18m、整備重量約84t。

添付画像はDD51が2両連結で牽引するタンク貨車。中央に運転室があり、この下に2軸の付随台車(駆動されない車輪)があって、これが空気バネ台車になっている。この空気圧を変えることで、駆動軸の軸重を変えることができる。空気圧を下げると、駆動軸に荷重が載り、空気圧を上げると駆動軸

関西本線DD51重連貨物列車
(2017年撮影)

の荷重がこの付随台車に載るので、駆動軸の軸重が軽くなる。

レールの頑丈な幹線では、駆動軸の軸重を15トンにして、牽引力を大きくし、空転しにくくする。支線に入るときには、14トンにして、レールへの負担を軽くする、という使い方を想定している。

ここでは、15トンの場合を計算する。

まず、空転の限界を計算してみる。車輪とレールの間の摩擦係数は、1章で気動車の場合を計算したのと同様、$\mu = 0.3$とする。

空転の限界は1軸あたり、

15(トン) × 0.3 × 1000 = 4500(kg)

で、これより大きな力で車輪を回そうとしても空回り(空転)してしまう。

牽引力は、4軸駆動なので、

4500(kg) × 4 = 18000(kg)

となる。

次に車両に搭載したディーゼル機関がどれだけの駆動力を出せるのか計算してみる。

機関DML61Zの最大出力が1100PS/1500rpmなので、回転力(トルク)を計算すると、

1章6の計算式

動力(PS) = 回転力(kg-m) × 回転速度(rpm) ÷ 716.2

動力(kW) = 回転力(N-m) × 回転速度(min^{-1}) ÷ 9553

を変形して、

回転力(kg-m) = 動力(PS) ÷ 回転速度(rpm) × 716.2

回転力(N-m) = 動力(kW) ÷ 回転速度(min^{-1}) × 9553

1100(PS) ÷ 1500(rpm) × 716.2 = 525.2(kg-m)(5152N-m)

となる。機関の補機動力の損失、伝達系の損失は考慮していない。実際の車輪での動力については後述する。

変速機(トルクコンバータ)のストールトルク比(起動の際にトルクを拡大する最大倍数)5.3なので、起動時のコンバータの出力トルクは、

525.2 × 5.3 = 2783.6(kg-m)(27306N-m)

となり、変速機の出力軸から車軸までの間に減速歯車があって、減速比は3.506と公表されている。

歯車での動力損失がないものと仮定すると、トルクは増加して、

2783.6 × 3.506 = 9759.3(kg-m)(95733N-m)

となる。

1台のエンジンで2軸を駆動しているので、この回転力が2軸に均等に分かれて作用するものとすれば、÷2となって、

9759.3 ÷ 2 = 4879.7(kg-m)(47867N-m)

となり、車輪の径860㎜なので、半径0.43m。車輪がレールを押して前に進む力が駆動力であって、これは、

4879.7 ÷ 0.43 ≒ 11348(kg)(111318N)

で、摩擦係数から計算した空転限界4500kg ＜エンジンの駆動力11348kg

となり、機関駆動力がはるかに上回っている。油断すれば、簡単に空転してしまう計算結果となる。上記の計算の通り、機関出力の大小よりも、摩擦の空転限界で牽引力が決まってしまう。

亜幹線用DE10の駆動力

次に入換えや小運転、亜幹線用としてつくられたDE10型について計算してみる。

こちらは、全長約14m、整備重量約65t。添付画像は樽見鉄道のDE10同型機。

1250PS/1500rpmの機関1台で全5軸を駆動する。出力増強型も製造され、機関出力は1350PSまで増強されたが、ここでは、1250PSで計算する。

樽見鉄道DE10相当　客車列車
(2002年撮影)

機関を収納する側のボンネットが大きく、前後非対称で、運転台は中央から少し片側に寄っている。車両重量65t、5軸なので、軸重は13トン。

DD51と同様に計算し、次表に結果を記載する。DD51の計算結果も併記する。

	DD51	DE10
軸重	14t/15t(切換式)	13t
駆動軸数	4	5
牽引力(空転限界)	18000kg(軸重15t)	19500kg
1軸あたり空転限界	**4500kg**(軸重15t)	**3900kg**
機関最大出力	1100PS×2	1250PS
機関回転速度	1500rpm	1500rpm
トルク(回転力)	525.2kg-m(1台分)	596.8kg-m
ストールトルク比	5.3	4.6(高速段)
減速比	3.506	4.482
車軸トルク	9759.3kg-m(2軸分)	12304kg-m(5軸分)
1軸分車軸トルク	4879.7kg-m	2460.8kg-m
1軸分駆動力	**11346kg**	**5723kg**

軸重が軽い分だけ、1軸あたりの空転の限界は低いが、5軸で駆動しているので、総合的な牽引力は19500kgとなって、DD51の18000kgを上まわる。

変速機は歯車の切替え機構を内蔵しており、高速、低速の切替えができるようになっている(注1)。変速機(トルクコンバータ+歯車機構)のストールトルク比(起動の際にトルクを拡大する最大倍数)は高速段で4.6、低速段で8.5。上表は、高速段で計算している。1軸分の駆動力は、5723kgとなって、摩擦係数から計算した駆動力の上限3900kgを超えており、DD51ほどではないが、油断すれば、空転する計算となる。

当然のことながら、「低速段」では、エンジン駆動力がこの2倍近くになり、空転しやすくなる。

ならば、機関車が常時、空転しているか、というと、この計算は、始動時、いきなり機関最大出力にする、という架空の計算なのと、摩擦係数は条件によって変化するので、実際とは異なる。

そもそも、運転台の主幹制御器を最大出力点の刻み(14段階に刻みがあって、

(注1) 通常の運転は「高速段」を使用し、操車場などで、貨車の移動(入れ替え作業)では、「低速段」を使用する、という想定でつくられている。

これを14ノッチ(注2)という)に投入すると、常に機関最大出力が出るかというと、そうではない。

機関には出力を自動で調整する「調速機」というのが付いている。

14ノッチに投入しても、負荷が軽ければ、機関回転速度が上がりすぎないように燃料噴射量を自動で減らす。

一旦動き出せば、必要なトルクは小さくなるし、変速機のトルク比が低下してくる。場合によっては、空転防止(摩擦係数μを上げる)のために、「砂マキ」といって、レールと車輪の間に砂を撒く装置があって、これで砂を撒布して、対応する。

なお、DE10の車軸5本、10個の車輪は、全部軸でつながっている。もし、空転した場合、全部の車軸が一斉に空転する。1軸だけが空転して速く回る、ということはありえない。

下表は主要なディーゼル機関車の牽引力の公表値である。すべて、牽引力＝軸重×動軸数×0.3となっている。エンジンの最大出力は関係ない。

機種	整備重量	軸重	動軸数	牽引力	機関出力
DD51	84t	14t	4	16800kg	1100PS×2台
		15t	4	18000kg	
DD54	70t	14t	4	16800kg	1820PS
DD16	48t	12t	4	14400kg	800PS
DE10	65t	13t	5	19500kg	1250PS/1350PS
DE50	70t	14t	5	21000kg	2000PS

DD51実性能線図

3-1図はDD51の速度と牽引力の関係を示すグラフである(出典:『ディーゼル』誌に掲載された線図を元に筆者作成)。

0–25km/hの間の線は車輪とレールの間の摩擦係数から計算される線で上

(注2) DD51もDE10型も設定機関出力、回転速度は14段階の刻みになっている。この刻みを「ノッチ」という。ただし、本文に記述したように、各ノッチ毎に、常時、設定した機関出力が出るか、というとそうではなく、「調速機」が、自動で燃料噴射量を調整する。

の線は軸重15tの場合、下の線は軸重14tの場合を描いている。

25–35km/hは1速、35–55km/hは2速、55–95km/hは3速での牽引力となっている。この図では、充電発電機などの補機動力、途中の伝達機構の動力損失を差し引いて実際に近い特性を示している。このグラフから車輪での動力を逆算すると、25km/hのとき、エンジン1台分で約710PSに相当する。

この図からわかるように、起動時に車輪や車軸、駆動系にかかる力というのは、機関出力よりも、軸重と摩擦係数に依存する。

ならば、大出力機関は意味がないのか、というと、そんなことはない。

ここでの計算は、駆動系にもっとも大きな力がかかる条件として、停止からの起動を考えたまでで、例えば、50km/hから90km/hへと加速するような場合には、大出力機関ならば、短時間で到達するであろう(このときの駆動軸のトルクは起動時よりも小さい)。

ここまでの解説で、駆動系にもっとも大きな力がかかるのは、スタート時だということがわかる。そして、機関車の場合、空転限界を超える機関出力をもっているのが通常であって、駆動系に加わる力は、駆動する原動機(エンジン)の最大出力とはもはや関係がなく、軸重と摩擦係数で決まってしまう。機関最大出力の条件のもとでは、空転してしまい、エンジンの動力は車輪に伝わらない。

自動車の世界、とくにサーキットを走る競走用では、「軽量化」する。アスファルトの路面とゴムのタイヤとの摩擦係数が鉄道に比べてはるかに大きいの

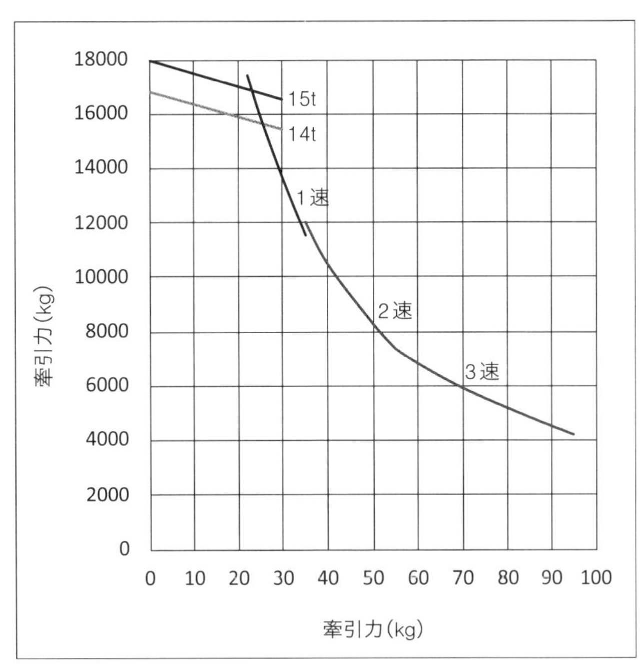

3-1図　DD51牽引力

と、他車を牽引する必要がないので、「空転」を考える必要が殆どない。機関車を意味なく軽量化すると、空転してしまって、実用にならない。

エンジンはV型12気筒 48バルブインタークーラ付ターボ

「純国産」といえるディーゼル機関車用のエンジンは、入れ換えや小運転用につくられたDD13型機関車の直列6気筒のエンジンが元祖になる。シリンダ径18cm、ピストン行程20cm、総排気量30.54リットルのタテ型、ターボチャージャで過給している。当初は、出力370PSであったが、過給圧を上げ、燃料噴射量を増加して、500PSまで増強した。

このエンジンのシリンダ数を2倍にして、V型に配列して、V型12気筒、総排気量61.07リットル、出力1000PSのDML61S型エンジンが、初期のDD51に搭載された。給気冷却器を追加して、DML61Zとなり、10%出力アップして出力1100PSとなって、DD51型機関車の主流エンジンとなった。

このエンジンはさらに冷却系統の増強と、過給圧と燃料噴射量を増して、DML61ZA、ZBの1250PS、1350PSへと増強された。これらのエンジンはDE10・11他に搭載された。

ディーゼル機関車用のDML61Z系だけでなく、気動車用のエンジンも、(株)新潟鐵工所、神鋼造機(株)(元神戸製鋼所大垣工場)、ダイハツディーゼル(株)3社(以下、機関製造3社)で製造した。

自動車のエンジンは車体も含めて、一貫生産するのが一般的であるが、鉄道車両の場合は、エンジンは車体とは別に製造されている。(注1)

DD13型機関車のエンジンは、戦前、三菱重工業、池貝鉄工所、新潟鐵工所が1台ずつ製造した水平型エンジンが原型になっている。ただし、予燃焼室、渦流室といった副室は3社独自の形状で製作した。また、水平型とタテ型では燃料噴射ポンプや潤滑油ポンプ、オイルパンなどの配置が違うの

(注1) 上越方面の地震の影響で、自動車エンジンのピストンリングを製造する工場の操業が停止して自動車工場が大騒ぎになったことがある。本書記載の愛知製鋼製のクランク軸も自動車工場に供給されている。自動車エンジンも使われている部品は一般に知られていない専門工場でつくられていることが多い。鉄道用エンジンも同様で、特殊な部品は専門工場でつくられている。

で、別物といっても良いぐらいの差異がある。昭和30年代に新規設計されたDD13型機関車のエンジンは、国鉄と上記機関製造3社の共同設計となった。以後、三菱重工業、池貝鉄工所は関与していない。

DD51(車両)を製作したのは、川崎重工業(株)、(株)日立製作所、三菱重工業(株)の3社であるが、上記機関製造3社からDML61Zを供給されて車体に搭載したのであって、これらの車体メーカが機関製造したわけではない。機関車用の変速機(DW2A, DW6)は、川崎重工業、日立製作所2社で製造した。三菱重工業は、この2社から変速機を供給されていた。

ついでながら、気動車用の変速機(DW4, DW9, DW10他)は、新潟コンバーター(株)、神鋼造機(株)2社で製造した。

連接棒・クランク軸

1章1で解説したように、連接棒の大端部は、半割りになっていて、ボルトで押さえて組立てる。

立型6気筒のDMF31S(B)では大端部は単純に水平に割ってあるだけだが、V型のDML61Zでは、斜めに割ってある。これはクランクケースの側面のフタから容易にボルトが締め付けできるようにする、という組立上の配慮と、ボルトに加わる荷重を軽減するためである。

DML61ZはVの角度60°なので、片側へ30°傾いている。DMF31SBと同じ水平割の連接棒では、ボルトも30°傾いてしまうので、締めにくいだろう、という配慮である。

DMF31S(B)とDML61Zは各シリンダの間隔が同じ寸法になっている。2章6で解説のDMF15HSとDML30HSの場合と同様に、本来ならば、直列6気筒からV型12気筒にするときには、連接棒大端部の幅だけ間隔を広げなければ成り立たない。これをDML61Zではどうしたか、というと、連接棒大端部の幅を小さくして、収まるようにした。その代わり、クランクピンを太くした。クランクピンを太くすると、連接棒大端部が大きくなる。組立ての際、ピストンと連結棒の組立て品を上から入れていく。このため、連結棒大端部はシリンダ内径より小さくなければならない。斜め割りにすれば、クランクピンの直径を大きくして大端部が大きくなっても、シリンダ内を通すことができる。組立て寸法上の問題を解消する対応でもある。

連接棒大端部のボルトは、クランクケースの下部側面にあけた作業用の孔から作業を行なう。片締めにならないよう、締め付けの手順が細かく決められている。

また、各連接棒ごとに刻印を打って、半割りの相手が混ざらないようにしてある。

半割りにした部分はセレーションといって、ラック歯のような加工を施して噛み合わせてある。この部分については、1章1で解説の通り。

ピストン

ピストンリング
(大坪エンジニアリング整備品)

連接棒の小端部にも、銅合金製のスベリ軸受を入れる。ピストンと連接棒の間はピストンピンといって、表面を硬く焼き入れして精密に仕上げた軸でつなぐ。連接棒小端部のスベリ軸受とピストンピンの間もごく微小なスキマがあって、軽く動くようになっている。ピストンとピストンピンとはスキマなく嵌まるようになっているので、ピストンを少し温めて、熱膨張させて組立てる。

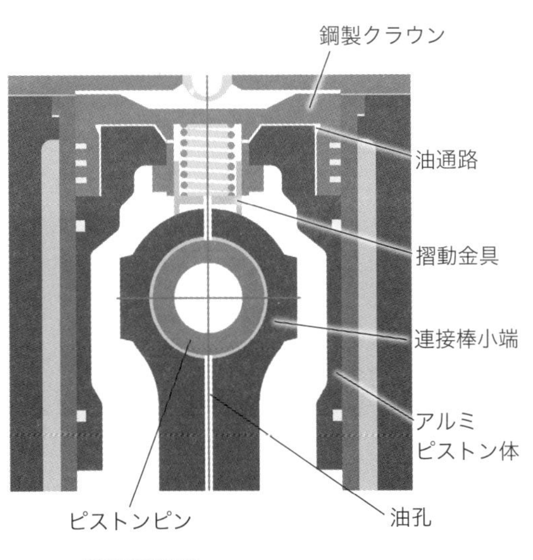

3-2図

ピストンにはピストンリングを嵌める。上部3本のピストンリングは圧縮リングといって、燃焼室の気密を保つ。3本のリングの外周はそれぞれ固有の形状になっている。下部2本のリングはオイルリングといって、シリンダ面の余分の油をかき落とす。

出力を増強して、1250PSにしたDML61ZAでは、耐熱性をさらに向上させるために、ピストンの上部だけを鋼製にした。**3-2図**に示すようにアルミ合金のピストン体に鋼製クラウンを(ちょうど王冠を載せるように)ナットで固定した。そして、両者の合わせ面を冷却油が流れて冷やすようにしてある。ピストンと連接棒の間には摺動する金具が付けられて、連接棒の芯にあけた穴を通って、油が確実に届くような構造になっている。ピストン内部を冷却した油はピストン内側からオイルパンに落ちていく。

さらに、出力1350PSのDML61ZBでは、クランクケースの中に冷却油(潤滑油と兼用)の噴射ノズルが付けられた。噴射される油をピストンの裏面の油通路に流して、ピストンを冷却するようになっている。

シリンダヘッド・動弁機構

タテ型、V型エンジンの上部にシリンダの数だけ箱が並んでいる。これは、シリンダヘッドカバーという。このカバーを外すと、内部には、添付写真のような機構が収まっている。この写真はDML61ZBの機構で、画面に大きく写っているのは、シリンダヘッドに組み込まれた吸気、排気のバルブを開閉する動弁機構といわれる部分である。この写真は排気弁側を写している。自動車エンジンでは、ロッカアームというが、鉄道エンジンの教科書では、弁テコと記述されている。弁腕（べんわん）という職人さんもいる。エンジン本体から外して、シリンダヘッドだけの画像なので、画面右端の調整ネジの部分が宙に浮いているが、本来はプッシュロッドという棒状の部品で下から突き上げられるようになっている。画面中央の丸い部分が軸になっていて、この軸を支点にしてテコの動作をする。画面左下にコイルバネが写っている。この内部に弁の軸部が通っていて、弁テコに押された上下逆の凹型の金具がこれを押してバルブが開く。吸気弁2個、排気弁2個の4弁式なので、このような凹型の金具で2個のバルブを同時に開く。弁テコの先端にはローラが付いていて、摩耗を防いでいる。

シリンダヘッド動弁機構
(大坪エンジニアリング整備品)

吸気弁も排気弁も稼動状態になると温度が上がり、熱膨張して伸びるので、整備の際には、弁テコと凹型金具の間にごくわずか、スキマをあけるように調整する。このシリンダヘッドは、油圧タペットといって、油圧でスキマを自動調整する機構が組み込まれている。

機関車と気動車のエンジンの違い

機関車用のエンジンと気動車のエンジンとの違いはどこにあるか。もちろん、外観形状や大きさが異なる。DD51やDE10など機関車用の機関はボンネットに納めるためにV型であるが、気動車の機関は床下に吊り下げるために、水平型になっている。

外観形状もさることながら、機関の制御方法が大きく異なる。

気動車は編成が長くなっても、それに応じて、エンジンの数も増すので、長くなっても短くても、編成全体の走行性能にはあまり変化がない。これに対して、機関車は牽引する列車の長さや貨物列車の場合と客車列車の場合など、牽引重量によって必要とする機関出力が著しく変化する。

このように車両の特性が異なるので、気動車と機関車では燃料制御装置が異なっている。

気動車のエンジンの燃料制御装置は最高最低調速機(エマージェンシィガバナまたはミニマムマキシマムガバナ)といって、運転台の主幹制御器のハンドルの位置に対応してそれぞれ規定の燃料噴射量になるような機構になっている。ただし、最高速と最低速だけが規制されている。登り勾配ではハンドル操作して噴射量を増していかないと、どんどん車速も機関回転速度も低下する。アイドリング回転数以下になると、燃料噴射量を増して、アイドリング回転数だけは維持する。(注2)

回転速度が上がりすぎると危険なので、規定の回転速度以上になると、燃料噴射量を減じて、回転速度が上がらないようにする。

一方、機関車用のエンジンには、全速調速機(オールスピードガバナ)という

(注2) 日本では、ディーゼルの乗用車は自治体によっては「ディーゼル規制条例」もあり、好まれない傾向にあるが、欧州では多いのだそうだ。実際に運転してみると、低速で粘るので、扱い易い。低速トルクがある、といわれるが、実際には「ガバナの効用」で、低速で噴射量を自動で増加しているのが効いている。

制御機構が備えられている。運転台の主幹制御器のハンドル位置に対応して所定の機関回転速度を保つような機構になっている。荷の多い、少ないに対して、自動的に所定の機関回転速度を保つように、燃料噴射量を増減する。油満載のタンク貨車のように重量のある貨物列車の場合は、同じハンドル位置(ノッチ)でも、燃料噴射量を増量して所定の回転速度になるようにする。登り勾配で車速が低下する場合にも、自動的に燃料噴射量を増して、機関回転速度が低下しないように動作する。実際には、回転を保つ調速機の特性に勾配がついているので、負荷がかかると回転速度は少し低下する。また、トルクコンバータの特性上、車速は低下するので、運転台のハンドル操作を必要とする。

DE10相当
貨物列車
(2014年撮影)

ターボを付けるとなぜパワーアップするのか

国鉄時代のディーゼルエンジンはキハ17からキハ80系に使われたDMH17系を除き、過給機(ターボチャージャ)を装備している。

機関車用のDMF31S系、DML61Z系、試作のDMP81Z、気動車用の新系列DMF15HS系、DML30HS系、そして、20系客車などの電源用のDMF31S-G系についても過給機付である。

型式記号の最後に“S”の付いているのが過給機付で、Sは、スーパーチャージャのSを意味している。

自動車の世界で、スーパーチャージャというと、エンジンの動力を使って直接、羽根車を回し、燃焼室に送り込む空気、あるいは燃料と空気の混合ガスを増加させる機構のことをいうのだそうだ。

エンジン屋はこのような機構は、「メカニカルチャージャ」または「機械過給」という。

ターボチャージャというのは、エンジンの排気管から出てくる排気ガスでタービン(羽根車)を回し、タービン軸に直結されたブロア(コンプレッサ・これも羽根車)を回す機構をいう。メカニカルチャージャとターボチャージャを総称して「スーパーチャージャ」という。鉄道界では、エンジン屋の習慣に合わせている。

自動車屋さんが、メカニカルチャージャだけを「スーパー」と称するのは、多分に、「商品価値を高くする」意図があるように思われる。

メカニカルチャージャはターボチャージャが実用となる以前、戦前、戦時中の航空機、戦闘機に多用された。

当時はターボチャージャは研究段階でしかなかったので、スーパーチャージャといえば、メカニカルチャージャしかなかった。だから、戦前の習慣でいえば、機械過給のことをスーパーチャージャというのは誤りではない。

上空へ上がれば上がるほど、空気の密度が低下(絶対的酸素量が不足)するから、これを補う必要がある。このため、航空機には必携であり、上空へ上がるには、過給圧を上げる必要がある。そのため、過給機に必要な動力が増えてしまい、上昇力に限界を生じてしまう欠点があった。

戦時中、航空用エンジンのターボチャージャが研究されていた。高く上がれば上がるほど、周囲の気圧が下がるから、排気ガスが勢いよく出ていき、ターボチャージャの回転が上がり、燃焼室へ送り込む混合ガスの量が増し、航空機には最適だということがわかっていた。ところが、高温の排気ガスに耐える材料がなく、製造するのは容易ではなかったらしい。

エンジンの動力を拝借するにしても、排気ガスの勢いを利用するにしても、いずれにしても、ブロア(コンプレッサ)を回して、エンジンのピストン・シリンダ機構に送り込む空気を押し込む(圧縮する)。

何のためにこんなことをするかというと……、エンジンの出力(動力)を大きくするためには、燃料を増やさなければならない。たくさんの燃料を燃焼室に送り込んで、大量の燃料を燃やせば、ピストン・シリンダの中の圧力が上がり、強い力でピストンを押し下げる。

ところが、燃料を増加するにも限度がある。燃料が燃える、ということは空気中の酸素と化合させることにほかならない。そのためには、燃料と同時に空気も増やしてやらないと、どこかで空気が不足し、不完全燃焼となり、黒い煙ばかり吐いて、一向に力が出ない、ということになる。

そこで、燃料噴射量を増しても、完全に燃やしきるために、過給機で燃焼室に空気を押し込んでやる。

以前、「空気を増してやると出力が大きくなる」と記述した解説を見かけたことがあるが、大変な思い違いである。空気を増量するだけで出力が大きくできたら、エンジン屋にとって夢のような話である。「出力を増すためには、燃料を増やしてやらなければならない」どんな理屈よりも単純明快である。

DML61Zなど、型式記号の最後に“Z”の付いているエンジンがある。これは、ターボチャージャとともに、インタークーラを装備している。インタークーラというのは、和文ではそのまま翻訳して中間冷却器という。給気冷却器ともいう。

ターボチャージャ(メカニカルチャージャでも)で急に空気を圧縮すると断熱圧縮といって、外部への放熱が殆どない状態で圧縮されて空気の温度が上がる。

ディーゼル機関で燃料を燃やせるのも、吸い込んだ空気をピストン、シリンダ機構で圧縮することにより、断熱圧縮で空気の温度が上昇するから。

この温度は圧縮比から理論計算することができる。

DML61Zの場合、圧縮比14.8、下記の通り、吸入空気温度を60℃と仮定すると、圧縮後の温度は540～600℃となる。これは、ディーゼル機関設計の教科書に計算方法が記述されている。

過給機で空気を圧縮した場合も同様で、ディーゼル機関のように過給圧が高いと、温度上昇も大きい。これも、DML61Zの場合で、過給圧を1.8kg/㎠、吸入空気温度を15℃と仮定すると、過給機出口温度は約150℃となる。

ところで、宇宙空間を飛行する探査機などが、地球に帰還する際、大気中で高温となる。これを空気との摩擦、と解説されることが多い。空気との摩擦もあるが、高速で飛行する物体の先端部で空気が断熱圧縮されるために温度が上がる、というのが主要因と考えるべきだろう。

温度が上がると気体の密度は低下するから、圧力が上がっても、燃焼室に送り込める酸素量は圧力に比例して増加してくれない。そこで、冷却水を使って、空気を冷却して体積を小さくして密度を上げる。

これが中間冷却器、給気冷却器の役目。過給機と機関の間に設置されているから中間冷却器という。当然のことながら、過給機と併設される。中間冷却器だけを装備することはない。

構造は自動車のラジエータと同じと思って良い。

管を押し潰したような扁平なチューブをたくさん並べ、チューブの間を波型の薄い板(フィン)でつないでいる。チューブの中を水が流れ、フィンの間を空気が流れる。自動車のラジエータは前から入ってくる空気で水を冷やす

61Z系インタークーラ外観写真
(大坪エンジニアリング整備品)

クーラコア写真

のだが、インタークーラは水で空気を冷やす。

冷やす、とはいっても、冷却水はラジエータの循環水なので、その温度は50～60℃。当然のことながら、インタークーラを出てくる燃焼用空気の温度も60℃前後ということになる。それでも、元が150℃であることを考えれば充分冷却していることになる。

型式記号の"Z"というのは一説にはドイツ語のZwischenkühler(ツヴィッシェンキーラ)のZだという。kとhの間のuに点がふってあるのはウムラウトといって、ドイツ語特有の文字と音。英文タイプではこの字がないので、ueと打って、kuehlerと表記する場合がある。

Zwischenは中間、kühlerは冷却器のことなのだが、実はドイツ語でインタークーラのことはLadeluftkühler(ラーデルフトキーラ)という。ladeは押し込むとか充填する、という意味。充電の意味もある。luftは空気。航空会社ルフトハンザのルフト、と聞けば思いあたるだろう。

「過給空気の冷却器」ということでは、ドイツ語がもっとも正しく装置の機能を言い表している。インタークーラといわず、チャージエアクーラという場合もある。"L"は聞き間違い易い、ということで、"Z"を型式記号にしたのだそうだ。

ところで、冒頭記述の通り、キハ28/58やキハ80系でおなじみのDMH17Hは過給機をもたないが、過給機を追加してDMH17HSという機関もあった、というと驚くであろうか。試作ではない、それなりのまとまった数が生産された。もちろん、鉄道車両に搭載された。

国内には国鉄の工場以外にたくさんの民間の鉄道車両工場が存在する。これらの工場では、国内各鉄道会社の車両を製作しているが、海外輸出車両を受注、製作する場合もある。かつて、海外向の気動車用として、DMH17HSという機関が製作された。これもエンジン製造工場でつくられて、車両工場に供給された。

この機関は一部が改良されてDMH17HSAも製作された。

過給機を装備し、燃料噴射ポンプを噴射量の多いポンプに変更して、290PS/1800rpmまで増強した機関だった。上記解説の通り、過給機を付けて空気量だけ増やしても出力増強にはならない。燃料供給量を増やさなければ出力は上がらない。クランク機構も増大した出力に耐えなければならない。

ついでながら、DMH17系のように、過給機を持たず、大気圧におまかせして空気を吸い込むのを自然吸気といい、「ナチュラリ・アスピレイテッド」といって、NAと略す。このNAを「ノーマル・アスピレイテッド」と誤記している例を見かける。ディーゼル機関の世界では、ターボチャージャを付けるのが「ノーマル」といってもよい。

変速機は
3速フルオートマチック・デジタル式

3速充排油式コンバータ

ディーゼル機関車の変速機となると、気動車用とは様相が異なってくる。

幹線用の機関車DD51も支線や入換え用の機関車DE10も「3速充排油式」という方式となっている。

各車両に動力ユニットを持っていて自走する気動車と違って、重量のある貨物列車や長編成の旅客列車を牽引することができなければ意味がないので、扱う動力が違う。DD51を例にとると、DML61Zの出力1100PS/1500rpm、これを回転力(トルク)にすると、本章1で計算したように525.2kg-m(5152N-m)と計算される。

計算式：動力(PS)＝回転力(kg-m)×回転速度(rpm)÷716.2

動力(kW)＝回転力(N-m)×回転速度(min^{-1})÷9553

この計算式からわかるように、出力(動力)が一定のとき、回転力は回転速度(rpm)に反比例する。回転速度が上がると回転力は小さくなるので、軸は細くて済む。そのかわり、高速に耐える軸受と高精度のバランス調整が必要となる。

鉄道車両のエンジンの場合、自動車と比べ回転速度が低いので、回転力が大きい。この大きな回転力を取り扱うために、DD51のコンバータは3速充排油式という方式を採っている。回転速度に応じて低速(1速)、中速(2速)、高速(3速)のコンバータに作動油を順次、充油、排油していく、といういかにも原始的なやり方である。が、動力伝達に摩擦板クラッチを必要としない、切り換えに衝撃がないという特徴がある。常にどれかのコンバータを介して動力を伝達しており、気動車のように直結段というのはない。また、充油、排油の指令はエンジンクランク軸の回転速度、車輪側の軸の回転速度を電気的に検出して自動制御する、という全自動式である。

DD51は前後のボンネットにそれぞれ1組のエンジン、変速機が納められ、合計2セットの動力ユニットが駆動源となっている。この両端のエンジン、変速機はそれぞれ独立して制御されているから、一方が3速に入っていても、他方が2速ということもありうる。充・排油のポンプが備えられていて、それぞれ完全に充油、排油するには約1～2分を要する。完全に排油してから充油していたのでは動力が途切れてしまうので、充・排油は同時に行なわれる。排油の方が少し速いので、動力が充分に伝達できない時間が約2秒程度生ずる。

3-3図はDD51用に製造されたDW2Aの内部の歯車の配列を示している。DD51説明書に添付されている図面を元に、回転部、トルクコンバータ部だけをわかり易く概念図にしている。

左の図は、エンジン側から見た配列で、右の図は上部3本の軸を上から見て展開した図になっている。

一見すると複雑怪奇なのだが、上部は充排油式のコンバータで、3組のトルクコンバータが組み込まれている。

下部は逆転機になっていて、最下部が出力軸で、この軸が台車の車輪を駆動する。

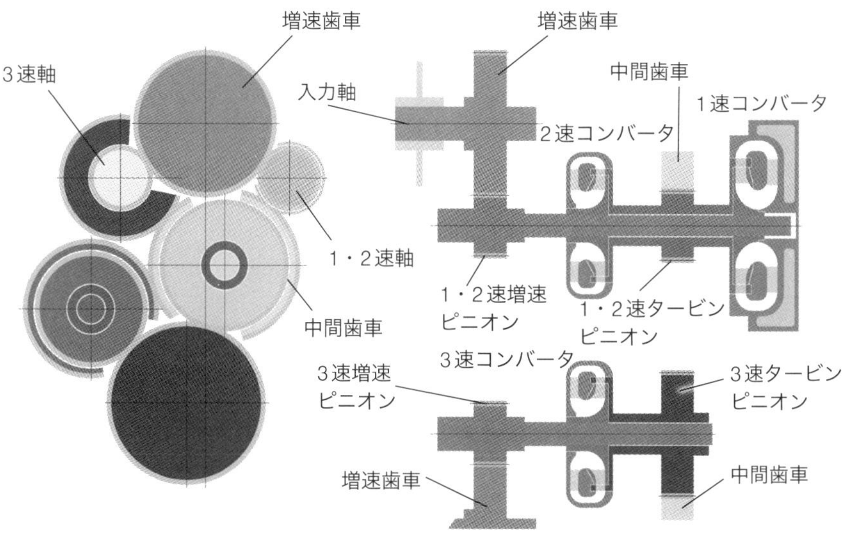

3-3図

最上部の軸が入力軸で、この軸がエンジンにつながっている。ここには、歯数69の増速歯車があって、1・2速増速ピニオンと3速増速ピニオンの2つの歯車と噛み合っている。ピニオンの歯数はいずれも29で、入力軸が1500rpmで回ったとき、3569rpmに増速される。エンジンの出力1100PSのうち、いくらかは、充電発電機や空気圧縮機、ラジエータファンの動力として喰われてしまうので、すべてが駆動力として使えるわけではないが、仮に、全動力がこの変速機に入力するものとすれば、入力トルクは525.2kg-m(5152N-m)となる。歯車他の動力損失がないものとすると、増速されることによって、トルクは220.7kg-m(2165N-m)まで低下する。コンバータ部はこのトルクを扱えばよいことになる。

図中、1～3速コンバータと記載した部分が流体変速機部で、1～3速全部のポンプ羽根車が軸と歯車を介してつながっている。各コンバータ部には、順次、油を充填、排油していくので、使わないコンバータは空回りすることになる。

1速コンバータは低速から使うので、効率の悪い領域まで使用しなければならず、発熱が多い。このため、ケーシングの最外部に取り付けられ、外側半分に冷却水を流して冷却している。

1速コンバータのタービン軸と2速コンバータのタービン軸はつながっていて、歯数33の1・2速タービンピニオンを介して歯数73の中間歯車で減速される。1速、2速はポンプ(入力)側、タービン(出力)側ともつながっていて、それぞれのコンバータ部に作動油を入れるか出すか、によって切換えが行なわれる。

3速コンバータのタービン軸は歯数59の3速タービンピニオンを介して中間歯車(歯数73)で減速される。2速、3速コンバータは同じものが使われているが、出力側となるタービンピニオンの歯数が異なるため、中間歯車との間の減速比が異なる。

1速コンバータは、タービン軸停止の状態から使用し、コンバータ単品のストールトルク比は約4.5となっている。2速、3速コンバータは効率の良い領域だけを使い、出力軸停止の状態では使わない。

逆転機

3-4図は、DW2Aの内部の歯車の配列のうち、下部の逆転機の部分3軸を展開して描いている。左の図で、中間軸、逆転軸、出力軸が「く」の字に配列されているのを、右図では、上下に展開している。三角形に配列されているものを展開しているので、中間軸と出力軸が離れて描かれているが、中間軸左端の正転ピニオンと出力歯車は噛み合っている。

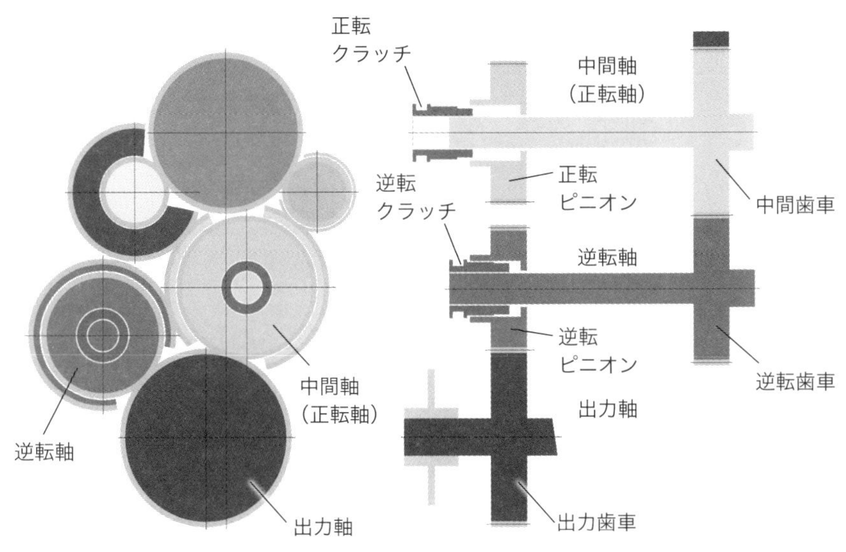

3-4図

中間軸、逆転軸の左端に「噛み合い」クラッチがあって、この図では、逆転軸のクラッチが逆転ピニオンとはめ合わさって、「逆転」の状態を示している。中間歯車→逆転歯車→逆転軸→逆転クラッチ→逆転ピニオン→出力歯車の経路で動力が伝達される。

3-5図は、正転クラッチが噛み合った状態を示した図で、三角形の配列を展開して描いている都合で、**3-4図**とは、中間軸と逆転軸の位置が上下逆になっている。中間歯車→中間軸→正転クラッチ→正転ピニオン→出力歯車の経路で動力が伝達される。逆転軸は空回りしている。

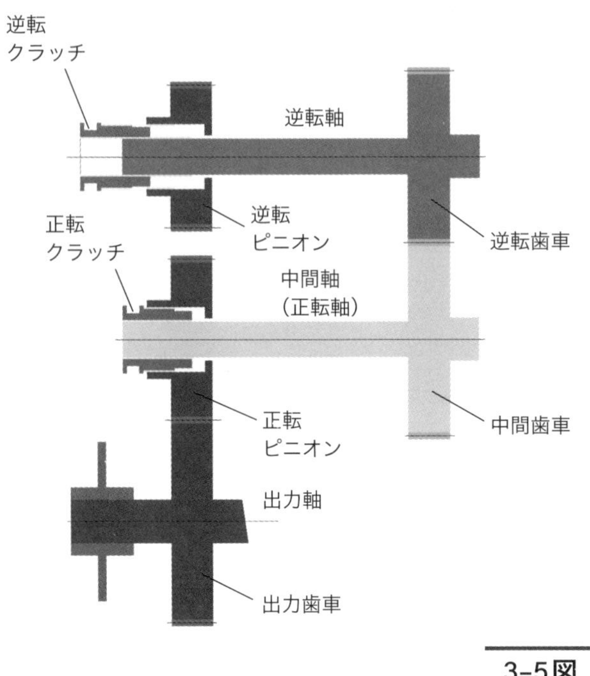

3-5図

正転の場合は、正転ピニオンと出力歯車の1ヶ所だけ噛み合っているが、逆転の場合は、中間歯車と逆転歯車、逆転ピニオンと出力歯車の2ヶ所で噛み合っているので、回転方向が逆になる。

エンジン1500rpm、コンバータが3速のとき、3速タービンピニオンは設計上3600rpmで回ることになっているので、この状態の各軸の回転速度を計算すると、下表のようになる。

	歯数	正転	逆転
3速タービンピニオン	59	3600	3600
中間歯車	73	2910	2910
正転ピニオン	61	2910	-
逆転歯車	65	-	3268
逆転ピニオン	54	-	3268
出力歯車	77	2305	2292

DD51のエンジン、変速機は前後のボンネットに向かい合わせに装備され

ている。つまり、一方が正転のとき、他方は逆転となっている。しかも、実は正転と逆転ではごくわずかに歯数比が違っている。2台の動力ユニットの変速タイミングは必ず違うようにできている。

DD51を2台機関で設計したのは、1台故障時にも、他の1台で運行続行できる、という理由があるが、コンバータの動力が途切れるタイミングがある、ということを補うのも目的の一つであろう。正転、逆転クラッチの左端外周の凹部に切換レバー(図では省略)が嵌まっていて、機械的に両方が入らない構造になっている。また、正転、逆転の切換は空気圧シリンダで行なっていて、空気圧が低下した場合には、その前の状態を保持するようになっている。

速度比検出、演算機構

機関車用の変速機DW2Aの内部のコンバータへの作動油の充填、排出は運転台からの操作ではなく、各動力ユニットで自動的に行なわれている。この切換動作はエンジン側の回転速度と車軸側の回転速度の比を検出して作動する。

エンジン側の速度は、エンジン回転を一旦増速した1・2速軸で検出する。車軸側はコンバータを出た中間軸で検出する。1・2速軸には、1回転毎に1個のパルス、中間軸には、1回転毎に8個のパルスを出すように検出用の円盤が付いていて、パルスピックアップでパルスを出すようになっている。

パルスピックアップというのは、磁力線の変化を検知するもので、ごく簡単にいうと、鉄芯に電線を巻きつけた構造をしている。**3–6図**の電線を巻き付けたように描いたものがピックアップで、外部の交流電源で鉄芯に磁力線を発生させている。交流電源といっても、家庭用の電気よりももっと周波数の高い(変化の速い)電源を用いている。ピックアップの先端を金属が横切ると、検出線と書いた電線の電流が変化する。金属内に渦電流が流れるのを利用するので、円盤は鉄などの磁性体でなくとも動作する。この電流

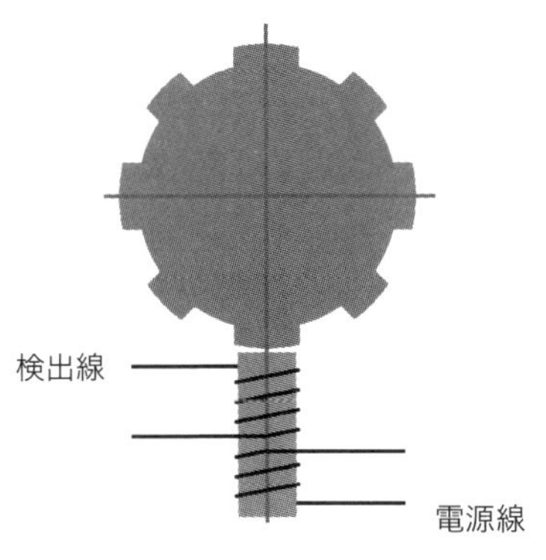

3–6図

の変化をパルスとして取り出すシカケになっている。

3-6図のように、外周に8個の突起がある円盤を回し、ピックアップを近傍に置くと、円盤が1回転する間に、8個のパルスが出る。磁力で作用するから、円盤とピックアップは接触させる必要がない。機械的な接点がないので故障が少ない。突起が1個だけならば、1回転で1パルスということになる。なお、実際には波形整形などの処理を行なっているが、あくまでも「概念の説明」ということで本書では詳しい説明を省略している。

この回転速度のパルスをコンバータの切換指令を出す回路に接続している。

3-7図は、2個のスイッチでランプを点灯する回路である。1・2速軸が1回転している間、AのスイッチをONにする。中間軸のパルスでBのスイッチをON/OFFする。仮に1・2速軸と中間軸の回転速度が同じならば、1・2速軸が1回転したとき、中間軸は8パルスを出すので、ランプは8回点滅する。

1・2速軸の回転速度に対し、中間軸の回転速度が1/2ならば、1・2速軸の1回転の間に、中間軸は4パルスを出すので、ランプは4回点滅する。ランプが点滅する回数を数えれば、1・2速軸と中間軸の回転速度の比がわかる、というわけ。

3-8図は、スイッチA、Bとランプの時間経過との関係を示している。

ただし、仮に点滅が4回ならば、回転比がキッチリ0.500なのか、というと、そういうわけにはいかない。5回点滅する直前ギリギリでも点滅する回数は4回だから、回転比0.625よりごくわずかに少ない状態、0.62でも4回点滅となる。

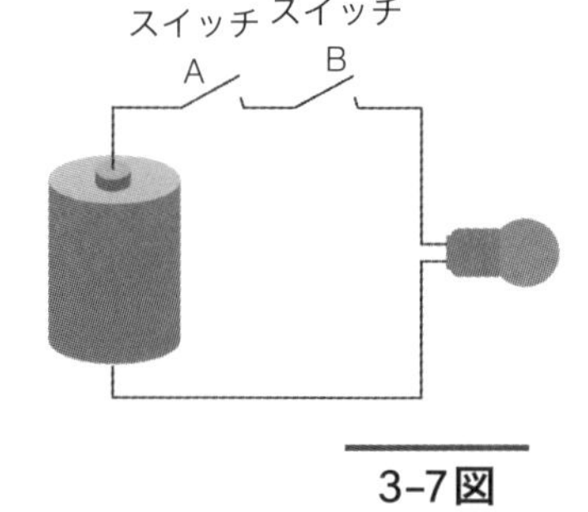

3-7図

この機械の目的は、回転比を精密に計測することではなく、回転比が所定の設定値を超えているかどうかを判定することにある。だから、この方式で充分なのである。「機械の設計」というのは、目的を満たす、目的

3-8図

に合致させる「合目的的設計」にあることを設計者は意識していなければならない。

なお、DW2Aの実際の方式は、1・2速軸、1回転ではなく8回転(=8パルス)の間の中間軸のパルス数で判定している。

機関回転速度が1500rpmのとき、1・2速軸は3569rpmで回転する。1秒間に約59回転する。8回転するのに要する時間は約0.13秒。ほとんど、瞬間といえる時間で速度比を判定することができる。スイッチは**3-7図**のような機械的なスイッチでは、追いつかないし、耐久性がないので、トランジスタを使った電子回路になっている。もちろん、判定するのも「ランプの点滅」ではなく、電子回路で判定している。

DW2Aでは、1・2速軸が8回転する間に、中間軸のパルスが19個を超えると、1速から2速へと切り換え動作が始まる。1・2速軸1回転に換算すると、中間軸のパルス数は19/8となり、中間軸は1回転で8パルスが出るのだから、実際の回転比は19/64(=0.297)ということになる。

機関回転速度が1500rpmのとき、1・2速軸は3569rpmなので、このときの中間軸の回転速度は3569 × 0.297 = 1060(rpm)、逆転機が「正転」のとき、出力軸の回転速度は840rpmとなる。台車内の減速機歯車の減速比から、車軸の回転速度は240rpmとなり、車輪径860㎜のときの車速は、約39㎞/hとなる。

2速で加速し、2速から3速への切り換え動作は、中間軸のパルスが32個を超えると開始される。この場合も同様に計算すると、中間軸の回転速度は1785rpm、出力軸の回転速度は1414rpm、車軸の回転速度は403rpmとなり、車速は、約65㎞/hとなる(本章1で、1→2の切換を約35㎞/h、2→3の切換を約55㎞/hと説明しており、食い違いを生じているが、これは、ここでの説明を機関回転速度1500rpmと仮定しているため)。

車速が低下した場合、3速→2速、2速→1速の切換は、中間軸のパルス数をそれぞれ17、28とし、加速していくときより低い速度で切換わるようにしてある。車速がちょうど切換の速度に保たれたとき、不必要に、交互に切換動作することを防止するため。

DD51機関車は1961年に1号車が完成した。この1号車の速度比検出は機械式であったが、1962年に製造された2号車以後は、電子回路式に変更された。

電子回路に詳しい方なら、上記説明が、デジタル回路の初歩的、基礎的な考え方であることが理解できるだろう。一般家庭のTVが白黒が当然で、まだ真空管が使われていた時代に、これだけの装置を考案した広範な知見と技量に脱帽、というほかない。

ディーゼル機関車は、除雪の機能を追加したものなど、用途に応じて、何機種も製造された。ただし、その変速機はDD51他のDW2AとDE10他のDW6の2機種が主流となっている。この2機種は、回転検出の機構の違い、高速・低速の切替え機構といった違いがあるが、組み込まれているコンバータ部は同じものが使われている。ここで解説の通り、コンバータは1速、2速、3速の3組の変速機構が組み込まれていて、作動油を順次入れ替えるようになっている。実は、2速、3速は同じものが使われている。つまり、用途に応じて、多くのディーゼル機関車が製造されているが、そこで使われているコンバータは、1速用と2速・3速用の2種類を使い回している。

新幹線のディーゼル機関車・911

1964年に開業した東海道新幹線にディーゼル機関車がある、というと驚くであろうか。営業終了後、夜間に線路の整備をするために、レールや砂利その他の資材を運搬するための車両が必要なので、ディーゼル機関車がある。空中の電線(架線)の張替えをするときに動けなくなってしまうので、電気機関車にするわけにいかない。

この線路整備用とは別に、「救援用」として、911型と称するディーゼル機関車が3両つくられた。万一、故障して動けなくなった電車があった場合にこのディーゼル機関車が出動して救援する、という想定でつくられた。両端に運転台があって、用途に対し、過剰とも思えるような端正な車体であった。動力はDD51と同じ、DML61Z(1号車は61S)エンジンとDW2B変速機で構成されていた。

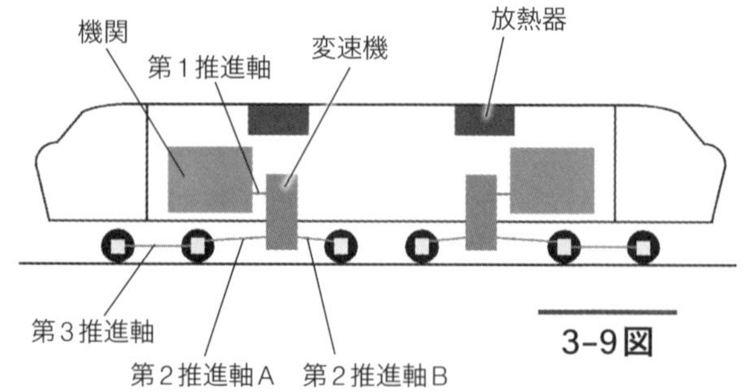

3-9図

3-9図に911型の動力系の構成を示す。DD51

型機関車が駆動軸4軸なのに対し、この911型は駆動軸6軸、2軸台車3個で構成されていた。変速機の出力軸は前後に出ていて、両端台車への動力は、DD51と同様に推進軸で伝達する。DD51と違って、車体中央の台車も動力台車になっていて、この台車の2軸はそれぞれ両側の変速機から駆動する。中央の2軸台車の2軸は、それぞれ別々に前後の動力ユニットから駆動される。台車内の2軸は台車内で接続されていない。救援する電車の照明、空調機を作動させるためのディーゼル発電機も備えていた。

台車の4個の車輪は全部つながっている(2)

DD51の変速機の出力は、台車に装架された減速機で減速するとともに、回転方向を変えて車軸を回す。**3-10図**は、変速機から延びてくる推進軸から車軸までの機構を概念的に示したもので、2章8の**2-24図**と同様、ベアリングやケースなどを省略している。

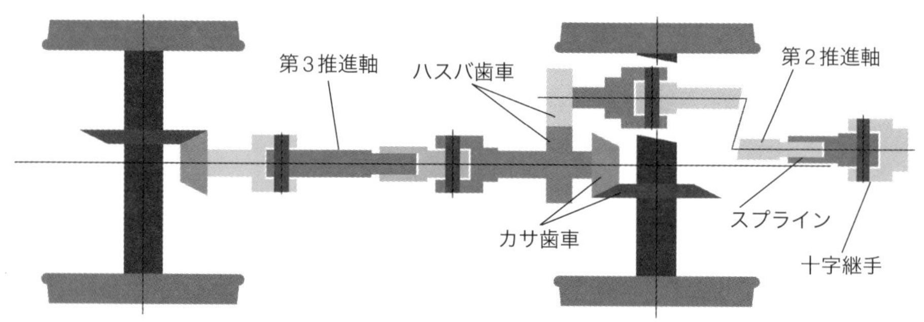

3-10図

図の右側の車軸が途中で途切れているが、この部分は、立体的なものを平面に描く都合で、第2推進軸(注1)が車軸の上を通っているのを展開して描いている。第2推進軸も途中で途切れているが、中心線上の軸を途中で切って、一部を展開して描いている。ハスバ歯車が上下に配置されている。

推進軸は、両端に十字継手(つぎて)を配置し、中間にスプラインがあって、動力を伝達しながら、伸縮できるようになっている。車両が曲線を通過するときに、台車が左右に首を振るので、変速機と台車の減速機とを接続する第2推進軸は、角度や長さの変位を許容するようになっている。

(注1) エンジンと変速機の間をつなぐ軸が第1推進軸になっているので、変速機と台車をつなぐ軸は第2推進軸になる。

変速機からの動力は、ハスバ歯車で減速される。図は平面的に描いているが、歯車は上下(斜め上下)に配置されている。ハスバ歯車というのは、2章8(137ページ)の写真のように歯が斜めに切ってある歯車で、なめらかに動力を伝達するように考えられている。

ハスバ歯車で1段減速の後、カサ歯車でもう1段減速するとともに、回転方向を90°変えて、車軸を駆動する。カサ歯車も、「マガリバカサ歯車」といって、歯が斜めに切ってあり、滑らかに動力伝達するようになっている。

図中、左の車軸には、台車内の第3推進軸で動力を伝達する。

それぞれの車軸は、両端を軸バネで支持されていて、レールの継ぎ目や、分岐器を通る際に上下に揺れて勝手な動きをするので、ここも自在継手とスプラインを使って、車軸の変位を許容するようになっている。

各軸の回転速度を計算してみる。

機関クランク軸が1500rpmで回ったとき、変速機3速での出力軸は2305rpmに増速される。各歯車の歯数から、下表のように計算される。

		歯数	回転速度(rpm)
変速機	-	-	2305
減速機	ハスバ歯車	29	2305
	ハスバ歯車	46	1453
	マガリバカサ歯車	19	1453
	マガリバカサ歯車	42	657

動輪径を860㎜(公称)とすると、車体の速度は、

657×(0.86×π)×(60/1000)=107(㎞/h)

となる。

DD51の仕様は、最高速度95㎞/hとなっている。これは、動輪直径が摩耗したときを想定している。動輪の摩耗限度、直径780㎜で計算すると、速度97㎞/hとなる。

逆転機は空気シリンダで動作するようになっていて、作動空気を空気シリンダに供給する電磁弁が前後のユニットで互い違いになるように電気回路が形成されている。動力ユニットが背中合わせに配置されているので、一方が「前」のとき、他方が「後」でなければならない。また、重連といって、牽

引力を増強するために、2両の機関車を連結する場合、前側の運転台から2両の機関車のエンジン出力が同じになるように電気的に接続する(後側は無人運転可能)。2両の機関車をどのように連結しても、同じ方向へ走っていくように電気回路上、考慮されている。変速機はそれぞれのユニットで単独に自動制御されているので、変速機の1速〜3速の切換えは運転台から操作する必要がない。エンジンの出力だけが、同じになるようにしてある。

何らかの故障で、一方のユニットが動かない場合は、「制御回路開放器」というスイッチがあって、故障しているユニットの制御回路を「切」にして、1台だけで運転することができる。当然のことながら、故障していない側だけの2軸駆動となる。

DD51重連コンテナ貨物列車
(2001年撮影)

1台だけ試作・DE50が量産されていたら……

岡山県津山市に「津山まなびの鉄道館」という施設があって、昔ながらの転車台とともに、気動車やディーゼル機関車が保存されている。

その中に、DE50型というディーゼル機関車が保存されている。試作のような形で1両だけ製造された車両である。

DE50型ディーゼル機関車のエンジン・DMP81Z

DD51型を設計したときには、直列6気筒のエンジンをV型12気筒に配列して出力を2倍にした。それでも不足と考えられたので、このエンジンを2台装備した。

万一の故障の際には、エンジン1台でも動けるように、ということも考えられていたのかもしれない。エンジン、変速機の信頼度が上がって、故障の心配が少なくなると、点検、整備の手間が2倍かかることが不満になってきた。

そこで、DD51型のV型12気筒のDML61Z(1100PS)のシリンダ数を16気筒にして2000PSまで増強した機関をつくることにした。このエンジンならば、1台でDML61Zの2台分に近い出力となるし、5軸駆動の車体にすれば、牽引力も向上する。

こうしてつくられたのが、DE50型というディーゼル機関車である。機関型式DMP81Zで、60°V型16気筒、総排気量81.43リットルの機関を1台載せている。

16気筒で2000PSなのだから、そのまま12気筒にすると1500PSということになる。

DE10型ディーゼル機関車に搭載された12気筒のエンジンDML61ZBは公称出力1350PSだが、設計上は1500PSに耐えるようになっていた。

DML61ZCという機関も計画があって、公称出力1500PSということになっていた。DMP81Zはこれを先取りしていたことになる。

シリンダ数を増すだけ、というと簡単そうだが、DML61Z系の部品がそのまま使えるのは連接棒、シリンダライナ、ピストン、シリンダヘッドといった各シリンダ毎の部品。これに、動弁機構のプッシュロッドやタペット、シリンダヘッドに装備される弁テコ(ロッカーアーム)やバルブ類ぐらい。

クランクケース、クランク軸、カム軸、給排気マニホルド、燃料噴射ポンプといった大物部品類はすべて新規設計となるし、排気ガス量も、必要な吸入空気量も増加するから、ターボチャージャも新規選定し、調整のやり直し、となる。

元のDML61ZはV型12気筒で、片列6気筒分の排気を1台のターボチャージャに流入させている。4ストロークなので、クランク軸が1回転する間に3気筒が順に排気行程になる。クランク軸の角度で120°ごとに排気行程となる。

DMP81Zも片列8気筒分を1台のターボチャージャに流す。こちらは、クランク軸の角度で90°ごとに排気行程となって、4気筒分がターボチャージャに流入する。実際に動かしてみると、クランク角90°では、排気行程の途中、排気が抜けきらないうちに次のシリンダの排気行程が始まってしまい、排気行程の終わっていないシリンダに逆流し、排気ガスがターボチャージャに順調に入っていかない現象が起きてしまった。このために、当初は計画している2000PSを出すことができなかった。

『ディーゼル』(1970.11.)に記述があるので、引用する。

(以下原文のまま)

着火順序との関係ならびに排気管の長さによる影響とにより、1つのシリンダが排気終りの状態にあるとき、ほかのシリンダが排気を始めると、そのシリンダの高い圧力が排気終り状態にあるシリンダに流入して、そのシリンダの排気効果を阻害する現象のため過給機タービンを回転する力を弱め、したがって、ブロワ扇車の回転も下がり、給気圧が上がらなく、掃気にあつかる新気が不足して排気温度を高める結果となり、かつ給気圧力の変動を起こし、目標出力をだすことができなかった。(一部略)これの対策として過給機を機関の前後端に分離させ、シリンダから過給機への排気管の配列を下図の方式に変更した結果、機関性能は相当改善されたが、なお1800PSをこえると過給機のサージングを起こし目標の2000PSに到達できなかった。

この段階では給気の圧力変動が依然として大きかったので給気マニホルドの容量を大きくした結果、圧力変動が約1/3に減少しサージングの発生もおさまり所期の2000PSに到達することができた。

（『ディーゼル』(1970.11.)）**[3-11上図]**

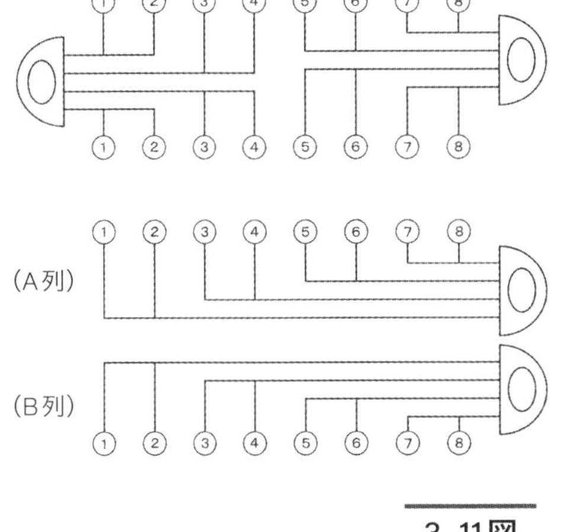

『ディーゼル』誌に記載の図
上が変更後。キノコの傘のような図が過給機。①から⑧はシリンダの番号。
下の図は最初の形状。

3-11図

4ストローク機関の吸・排気行程の上死点では、吸気弁と排気弁が両方とも開いている瞬間がある。これを「バルブのオーバラップ(弁重なり)」という。クランク軸の回転角度で「オーバラップ○度」と表記する。吸・排気弁が両方とも開く瞬間に、給気ポートから排気ポートへと新気空気が抜けていく。シリンダ内の排気ガスの排出を促す効果があって、上記解説に出てくる「掃気」というのは、燃焼用空気の入れ替えのことをいう。ここでは、この抜けていく空気のことと思われる。排気弁の温度を下げる効果もある。

「サージング」というのは、ターボチャージャのブロア(吸入空気側羽根車)の出口、給気マニホルド側から入口、エアフィルタ側へ過給空気が逆流してしまう現象で、給気圧が上がりすぎたときに発生する。とくに、ディーゼル機関では、過給圧が高いので、サージングを起こし易い。DE50の場合は、給気の圧力変動があって、圧力が上がった瞬間にサージングを起こした、ということを意味している。空気逆流の音響を発して、機関回転速度も出力も大きく変動してしまう。

改造後の排気管経路は、上記引用図の通りで、当初の経路図を**3-11下図**に示す。

これだけの労力と木型、金型などの費用も使って、車両１台作っただけで、一時期、実稼動したとはいうものの、廃車(同然)というのはいかにももったいない。

実は、車両は1両製作しただけだったが、機関はかなりの数が製作された。

病院などの非常用自家発電用(停電対策用)や化学工場の火災時の消火剤送り出しのポンプ駆動用としてDMP81Zをそれぞれの用途に適合するようにした改造機関が製造されていた。これは、DML61ZやDMF31SBも同様。DMF31Sを直列8気筒にしたDMH41S相当もあれば、DMH17Cにターボチャージャやインタークーラを搭載した機関さえ存在する。これらは、機関形式も変更されるので、一般には、元の鉄道車両用としての機関形式とは別物になっている。

DE50でHPを検索すると、この車両に期待する記述をたくさん見かけるが、実は、必ずしも素性の良いエンジンではない。

機関屋から見れば、16シリンダという配列はクランク軸が長くなりすぎて、ネジリ振動の上では問題を生じ易い。Vのハサミ角が60°というのも不利な条件の一つである。元のDML61Zは12シリンダなので、クランクピンの配列角度は120°となる。Vの角度が60°なので、60°毎の等間隔燃焼となる。

これが、16シリンダとなると、クランクピンの配列角が90°なので、60°、30°の不等間隔燃焼となる。シリンダ数が多くなって滑らかな回転になるかというと、そうではなく、却って回転変動や振動の元になってしまうこともある。第6章で解説のDD54のエンジンもほぼ同じサイズの16気筒機関であったが、振動と騒音は相当なものだったとのこと。

Vの角度を45°にするとこの点は改良されるのだが、シリンダライナの下部が向かいのシリンダと干渉して成立しないかもしれない。

90°にする手もあるのだが、今度はボンネットの幅に収まらなくなってしまうであろう。

このDMP81Z機関は、耐久試験も実施している。製造工場でエンジンだけ、2000PS/1500rpm、80時間の連続耐久試験を実施したことが『ディーゼル』(1970.4.)に紹介されている。10%の過負荷試験として2200PSで1時間の試験も実施している。燃料消費率は180g/PS-hと記録されているので、1時間で360kg(約420リットル)の燃料を使用する。80時間で33.6kℓ、軽油の値段を50円/ℓとすると、燃料費だけで168万円を必要とする。

変速機・DW7

1台で2000PS(1470kW)を発生するDMP81Zに組合わせる変速機としてDW7が製造された。

3速充排油式のコンバータと逆転機構はDD51型のDW2Aと同じ構成となっているが、羽根車は容量の大きなものを新規設計となった。

2速, 3速は、使用する回転域が限られているので、大きな問題は生じなかったが、1速は0回転から使わなければならないので、簡単にはいかなかった。

これも『ディーゼル』(1970.11.)に記述があるので、引用する。

> 当初3段形タービンで計画し、試作を行なったがテストの結果、キャビテーションが甚だしく目標の性能が得られなかったので、結局2段形タービンを製作し、これに取替えて何とか仕様に納まった。
>
> (『ディーゼル』(1970.11.))

「甚だしく」は、「はなはだしく」と読む。「3段形」とか「2段形」というのは、変速機の2速、3速ではなく、タービン羽根車の数のこと。1章で解説したDF115のように第1から第3までタービン羽根車を3個に分けて所定の性能を出そうとしたが、キャビテーションの問題を生じてしまったので、タービン羽根車を2個にして所定の性能に達するようにした、ということ。

「キャビテーション」というのは、エンジンのシリンダで発生するのと原理的には同じである。コンバータのような流体機械の場合は、様相が多少異なる。

ごく簡単にいうと、羽根の一部で負圧が大きくなりすぎて、作動油が泡立ってしまう。設計通りの油の流れが得られないので、所定の性能が出ない。性能が出ないものをそのまま強引に使い続けると、エンジンのシリンダと同様に羽根の表面が孔だらけになる。エンジン屋と同様、流体機械屋もキャビテーションという現象を恐れる。

機関DMP81Zは一部を変更して発電機やポンプを駆動する動力として何台か製作されたことを紹介した。残念ながら、このぐらい大きな変速機となると、他に流用する先を思いつかない。

津山DE50写真
(津山まなびの鉄道館:左(奥)からDD51,貨車移動機,DE50,DD16)
この角度で見ると左端のDD51はボンネット側面に放熱器の網目が見えるが、DE50は放熱器を後部に備えているので、ここから見える範囲では網目がない。

電気式ディーゼル車・なぜいま、電気式なのか

DD51ディーゼル機関車の置き換えとして、DF200型(注1)という電気式のディーゼル機関車が新製されている。

電気式というのは、ディーゼルエンジンで発電機を回し、その電力でモータを回す方式である。発電電力を制御して車速をコントロールする。何も今に始まったことではない。実は、海外のディーゼル機関車は電気式が主流で、日本にもかつて、DD50、DF50という電気式のディーゼル機関車があった。昔の電気式は直流発電機を回して、この電力で直流電動機を回していた。電気機関車も電車もこの直流電動機を使うのが主流だったので、これを流用したのである。

紀伊勝浦行寝台特急「紀伊」
電気式DF50が牽引していた。
(1972年撮影)

電車や電気機関車に使われた直流直巻電動機は低速でトルクが大きくなる特性を持っているから車両には都合が良い。この特性のおかげで、電車や電気機関車は変速機を必要としない。当然のことながら、電気式のディーゼル機関車も変速機を必要としない。

(注1) 初期のDF200には、MTU社(ドイツ)製の12V396という機関が使われた。シリンダ径165㎜、行程185㎜、90° V型12気筒。型式の396は1シリンダの排気量3.96ℓを意味している。総排気量は47.47ℓ。MTU社とはMotoren und Turbinen Union(モトーレン・ウント・ツルビーネン・ウニオン)の頭文字を並べた社名。

直流発電機も直流電動機も「ブラシ」という部品を必要とする。40年以上前のこと、電車の整備工場を見学した際、ブラシという部品を見せていただいた。

ブラシ、といっても歯ブラシのようなものではない。黒い炭素の粉を焼き固めてヨウカンのようにしたものだった。ちょうど一口サイズぐらいだったように記憶している。一端に柔らかい銅の電線が付いていてモータ本体の端子に接続する。この炭素電極をモータ内の回転部の電極にバネで押しつけて電気を回転部のコイルに送る。電気火花が飛ぶし、摩擦で消耗する。消耗して短くなってしまうので、追従できるように柔らかい電線でつないでいる。

一定の距離を走行すると、整備工場に入場させて交換する。粉末になって周囲に飛ぶと漏電の原因になるので、炭素粉の掃除もやっていたことだろう。

電車の客室の照明や空調は、交流の電源でまかなっている。都市部の電車の上部に張ってある電線(架線)にはたいてい直流電気が来ている。直流電源から交流の電気をつくり出すのは、今では、インバータといって、半導体素子を使った装置を使っているが、以前は直流モータで交流発電機を回していた。この直流モータにもブラシが必要だった。

昔の電車や電気機関車は、これらの交換と掃除、整備を定期的に実施してきた整備工場の作業が支えてきた、といっても過言ではない。

ここまでの解説の通り、ディーゼル機関車は自動変速の自動車と同じようにトルクコンバータを使うのが主流であった。では、なぜ、今、ディーゼル機関車が電気式になったのか、といえば、この「ブラシの呪縛」から解放されたから。今の電気式は交流発電機で発電し、半導体素子を使って制御して交流電動機を回す。交流発電機も交流電動機もブラシのない方式になっている。整備に手間のかかる部品がないだけでなく、ブラシとこれに相対する回転電極部が不要になったので、これらの機器は従来機に比べてはるかに小型で軽量になった。裏返すと、同じ大きさなら従来より強力なモータや発電機をつくることができるようになった。当然のことながら、最近の電車や電気機関車もブラシのないモータを採用している。新幹線車両は300系になって、これらの機器を採用して整備の手間が飛躍的に軽減された。

電気式のディーゼル機関車は、いかにも回りくどいが、発電機も電動機もその変換効率は90%以上という高い効率で、電力と動力を相互に変換する。

動力を電力に変換、再び電力を動力に変換しているから効率が悪い、と思っている方が多いようだが、相互に90%の効率で変換するなら、総合効率は0.9 × 0.9 = 0.81で80%以上となる。

これに対して、トルクコンバータというのは、動力を油の流れにして伝達する。動力をそのまま動力にするから、効率が良いような気がするが、案外効率は低い。鉄道好きな方なら、ディーゼル車が発進するときを一度は見たことがあるだろう。エンジンが唸りを上げ、煙突から黒い煙を吹き上げるのに、車速はジンワリとしか上がらない。昔の電車のようにガックンガックンと加速することがない。ソフトスタートといえば、きこえは良いが、コンバータの中では、油がかき回されるばかりで、エンジンからの動力はむなしく油の温度を上げるのに使われるだけである。

JR九州の豪華列車「ななつぼし」
電気式DF200が牽引する。
（2020年撮影）

DD51のコンバータで2速、3速のコンバータは効率の高い領域だけを使うので、連続運転が可能だが、1速のコンバータは低速域まで使うので、可能な限り放熱の良いようにレイアウトされている。それでも、低速で連続運転すると、温度上昇してしまう。国内の鉄道路線では、1速コンバータを低速域で連続運転するようなことがないように、勾配区間を勘案して路線ごとに牽引できる重量が決められている。DD51は10‰の登り坂で1000tの貨車を「停止」の状態から動かす（「引き出す」という）性能を目標にした。「動かす」ことができても、それを延々と引張って行けるとは限らない。トルクコンバータの効率は最良点でも約80%で電気式と大差がない。コンバータの効率の良い速度まで加速できなければ、コンバータの油温上昇で保護装置が働き、自動停止してしまう。

ところで、ブラシのない交流モータというのが、どうやって回転しているのか。一般家庭のコンセントの交流と違って、三相交流という電気でモータが回る。三相交流というのは、3本の電線で送電する方法で、3本の電線には、120°位相のずれた交流が流れている。

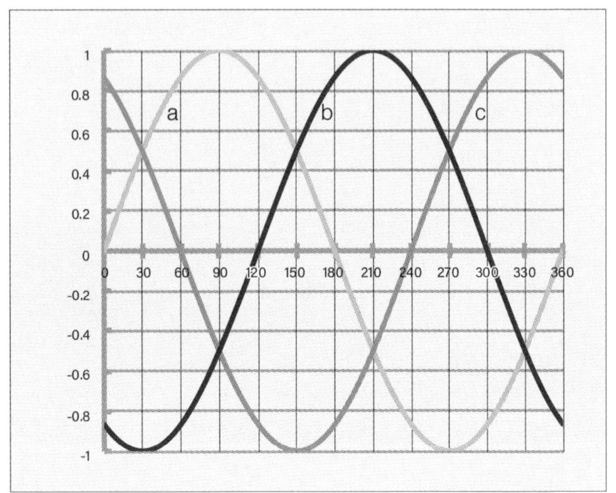

3–12図

3–12図は3本の電線の交流波形がずれている様子を示す。図のa線に1A(アンペア)の電流が流れているとき、b, cの2本の線にそれぞれ -0.5Aが流れて、3本の線の辻褄が合うようになっている。3本の電線の電流が最も強くなるのがa→b→cの順に移っていくので、この3本の電線につなぐ電磁石を120°の角度で配列してモータをつくると、磁力の強くなる方向が勝手に回転してくれる。中心の軸にN,S極の磁石をおけば、この磁石が回転する。交流の周波数を上げると回転する速度が速くなり、電圧を上げると回転力(トルク)が大きくなる。

回転軸の磁石(電磁石)は、実際には、アルミのような導体に外からの磁力によって渦(うず)電流が流れることで発生する磁界を利用する。だから回転軸には、外から電気をつなぐ必要がない。ブラシとか、これと接触する回転電極を使わずしてモータができる。

これは何も最近の技術ではない。工場で使われるモータの多くには、はるか遠い昔から類似のモータが使われてきた。ただし、発電所から供給される交流電力の周波数が一定なので、回転速度を変えることができない。一定の回転速度で回れば良いだけのモータには、整備の手間がかからず、故障が少ないので、好んで使われてきた。

鉄道車両にこのモータを使うには、交流周波数を自由に変える装置(インバータという)が必要となる。大電力を扱う半導体素子がつくられるようになって、これが可能となった。

モータを逆回転させるには、3本の配線のうち2本を入れ替える。または、インバータユニット内で、a→c→bの順に交流波形の位相がずれるように制御すれば、配線を変えなくてもモータは逆回転する。

実は、各家庭に送られてくる電気も元は三相交流である。写真は電柱の電線を撮影したもので、3本の電線が張ってあるのがわかる。高圧鉄塔を見る機会があるようなら注意して見ていただきたい。高圧鉄塔の電線も3本組になっている。

4章

堅実車キハ40系

高山本線の各駅停車として
運転されるキハ40系。
（高山本線）
（2010〜2011年撮影）

故障しないエンジン・変速機に改良した

1977年からローカル線、非電化区間の各駅停車や快速列車用として、キハ40、47、48(以下キハ40系と略す)という一連の気動車がつくられた。国鉄からJRへと移行した後も全国各地のローカル線で運転されていた。エンジンの出力が低い割に車両重量が重く、「鈍重」といわれるが、トラブルの多かった機構を排除して、堅実なつくりにしたのと製造数の多いのが幸い、結局、長寿命となった。

高山本線のキハ40系
クリーム色と朱色、旧近郊車風の塗装車があった。(2014年撮影)

なお、2023年、一部の路線でまだまだこのキハ40系車両が使われているが、多くの車両では、エンジン、変速機とも新型に取替えられている。本書はこの車両が新規製作された際の機構の解説であり、2023年、国内で運転されている多くの車両は、機構が異なっている。

DMF15HSA

動力源のエンジンはDMF15HSAで、181系特急用で採用されたDML30HS系の半分、水平対向12気筒を片列(A列)だけにして総排気量14.78リットル、水平型直列6気筒、ターボチャージャ付きのエンジンである。

元は試作車キハ90の駆動機関で、その後は発電機関として、181系特急車両の発電用だけでなく、客車の電源用としても「裏方」として製造が続けられていた。これを走行用にして、主要部の設計変更を加えて、DMF15HSからDMF15HSAになった。3気筒分を一体鋳造していたシリンダヘッドを1気筒それぞれ単独に設計変更した。1～3、4～6シリンダの間隔が185㎜だったのを210㎜に変更したので、シリンダヘッドだけでなく、クランクケースもクランク軸、給排気マニホルドも木型、金型のつくり直しになった。

シリンダヘッドをクランクケースに取り付ける際には、燃焼ガスの漏れを防ぐために間に「ガスケット」というパッキンの役目をする部品をはさみ込む。

DMF15HSでは、グロメット、といって耐熱シートに薄い金属板をコ型に成型してこれを、シリンダヘッドボルトを締め付けることで密着させる、という手法を採っていた。この手法に難点があって、気密が保てない、というトラブルがあった。そこで、1シリンダ毎に、銅リングを使って、気密を保つように変更した。これは、12気筒のDML30HS系も同様のトラブルに悩まされ、DML30HSHで同様の変更を行なった。なお、このトラブルは、2章5で解説した「排気温度が高い」ことと無関係ではない。

1章1で解説したように、シリンダヘッドは鋳造という方法で製造している。3気筒分を一体にしていると、製造最後の水圧試験で水漏れがあって不良品になったときに3気筒分がまとめて不良品になってしまう。エンジンを小型化するために採用した方式であったが、製造上の問題もあった。また、3気筒分を一体化したシリンダヘッドは重量もある。水平型エンジンで車体に装備した状態で、シリンダヘッドを外したり、取り付け作業をするには、可能な限り軽い方が作業性が良い。1気筒ごとに分けるのは、作業しやすい、という利点もあった。

ところで、キハ181のDML30HSは出力500PSということになっていた。これを半分にしているのだからDMF15HSは250PSを出せる。これを220PSに抑えて使用した。これを「デチューン」という奇妙な説明をみかける。このように出力を抑制して設定するのを、機関屋は「ディレイト」「ディレイティング」という。和文で「出力抑制」といえば良いだけのことである。出力を落とすのが妥当なのかどうかは別として、2章5で解説の通り、排気管系に問題があるなら、出力を落とすのも一法であろう。調整(=

チューニング）を放棄するとか、いいかげんな調整をしているのではない。運転台の制御器のハンドルの刻み（ノッチ）に合わせて規定の出力になるようにファインチューニングしている。

1章6で解説の通り、鉄道車両が定速走行するには100PSも必要としない。発進時や勾配区間のように短時間の最大負荷ならば、乗り切れる、として無駄に豪華にしないのも設計手法の一つである。

DW10〜駆動系

キハ40系用の変速機として、DW10が製造された。

コンバータ1個と湿式多板クラッチによる直結機構を備えていて、変速段と直結段の2段切換えになっている。変速機本体内に逆転機を内蔵しており、台車側は減速機だけが装備されている。キハ181系の弱点だった直結機構と逆転機については、次項で詳しく解説する。

エンジン出力が小さいので、台車の1軸だけを駆動している。キハ181系の第2減速機だけを直接、エンジン・変速機で駆動する、と考えていただければよい。ただし、カサ歯車の歯数は24:25でほぼ同数、わずかに減速する。

4-1図が、動力伝達部の概念図で、車軸を駆動する歯車（ハスバ歯車）は上下に配列されている（立体的なものを平面図で表現するため、この部分だけ90°展開して描いている）。

機関回転速度を1600rpm、変速機直結の条件で各軸の回転速度を計算すると、次表のようになる。

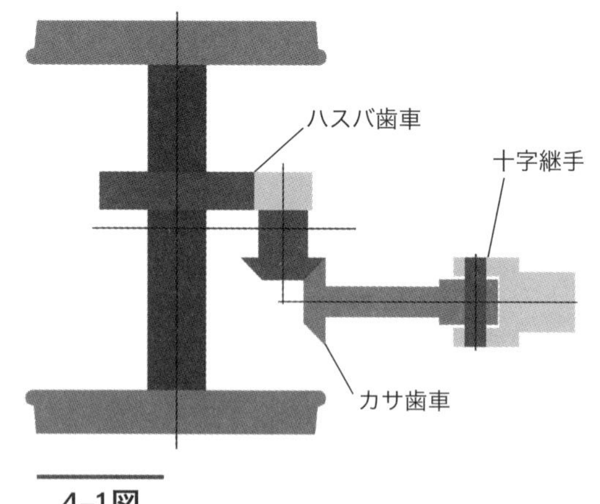

4-1図

		歯数	回転速度(rpm)
変速機(逆転機)	平歯車	42	1600
	平歯車	43	1563
減速機	マガリバカサ歯車	24	1563
	マガリバカサ歯車	25	1500
	ハスバ歯車	16	1500
	ハスバ歯車	46	522

動輪径を860㎜(公称)とすれば、
522 × (0.86 × π) × (60/1000) = 85(km/h)
となる。

回転を合わせてつなぐシカケ

4-2図はキハ40系の変速機DW10の回転部分だけを描いた概念図である。他の図と同様、ケーシングやベアリングなどを省略している。コンバータ（流体変速機部）のステータ羽根部分だけはケーシングの一部を描いている。

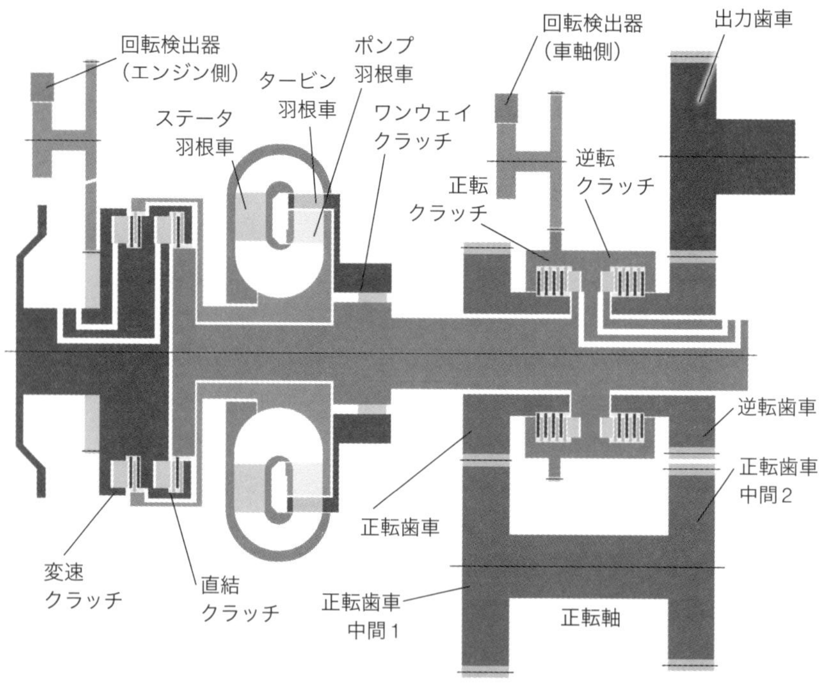

4-2図

左端がエンジンとの接続部で、こちらから変速クラッチ、直結クラッチ、コンバータ部が配置されている。変速クラッチ、直結クラッチともに、油圧で内部のピストンが動いて、摩擦板を押して動力を伝達するようになっている。どちらのクラッチにも油圧をかけなければ、「中立」位置を保つことができる。エンジン始動の際には「中立」にする。ここでエンジンと車軸を切り離すことができるので、DW4のように、コンバータの作動油を出し入れする機構が不要になった。コンバータは常時、作動油を充填したままになっている。

コンバータの出力側、タービン羽根車の部分にはワンウェイクラッチが組み込んである。1章3で解説した通り、一般的な自転車の後輪に付いている「フリーホイール」と同じ働きをして、車軸側からタービン羽根車が回されないようにしている。

図の右側が逆転機になっている。この部分については、次項で解説する。

発車の際には、運転台の変直切換ハンドルを中立から変速にする。変速機の「変速クラッチ」に油圧が入って、クラッチがつながる。

運転台のハンドルを「切」から順次上げていく。このハンドルは5段階の刻みになっていて、この刻みを「ノッチ」といっている。5ノッチにすると、最大出力となる。エンジンの動力はコンバータのポンプ羽根車を回し、コンバータの働きで、トルクを拡大してタービン羽根車を回し、車体を加速させていく。

DF115A/TC2Aの場合と同様、駅構内の分岐器の制限速度で、惰力運転する場合は、運転台のハンドルを戻せば、ワンウェイクラッチが作用して、エンジンブレーキがかかることはなく、惰力走行する。分岐器を通過後、運転台のノッチをあげれば、再度加速する。

充分な速度に達したら、変速機を「直結」に切り換える。変直切換ハンドルを変速から直結に切り換える。

DF115A/TC2Aでは、エンジンの回転速度を適切に上げておかないと、車軸側の回転速度と合わず、クラッチが入った衝撃がかかる。

DW10では、エンジン側の回転と車軸の回転を自動で合わせるようにしている。

只見線キハ40系
(2016年撮影)

速度比を検知する機構

衝撃なく直結クラッチを「入」にするには、エンジン側の回転と車軸の回転を検出しなければならない。

速度比の検出は、3章4で解説したのと同様にパルスピックアップで行なっている。エンジン側も車軸側も歯車で増速した円盤で検出している。

エンジン側は、変速機の入力軸部に歯車を設けて、歯数比102:80で増速している。間に中間歯車があるが、**4-2図**では、中間歯車部を省略している。

この検出部は、回転1回で1パルスを出すようになっている。エンジン回転が1600rpmのとき、検出軸は2040rpm(1600×102/80＝2040)、1秒間に34パルス(2040÷60＝34)出る。1パルスが約0.03秒なので、瞬間的に検出している。

車軸側は、逆転機のクラッチ部の外周に歯車を設けて、歯数比128:70で増速している。こちらは、検出円盤に8個の突起があって、回転1回で8パルスを出すようになっている。

エンジン側のパルスは、電子回路で1/2に分周している。「分周」というのは、デジタル回路ではよく使われる。1/2分周、というのは、**4-3図**のようにパルスの数を1/2にする、という回路で、1個のパルスの長さは2倍になる。

元パルス

1/2分周

4-3図

分周して1パルス(元パルスの2倍)の間に車軸側のパルス21個に達したときに、直結クラッチが入るようになっている。分周する前の元のパルス数に換算すると、車軸側のパルス10.5個に相当する。パルス数の検出は整数でなければならないので、「1/2分周」という手法を使って、10.5個という微妙な計数を行なっている。(注1)

エンジン回転が1600rpmのとき、エンジン側のパルスは1秒間に34パルス出るのだから、これを1/2に分周して17パルスの間に車軸側パルス21個

(注1) 1/2分周は波形のON時間とOFF時間を等しくする目的もあると思われる。

なので、車軸側のパルスが1秒間に357(34×1/2×21)パルスに達したときに、直結クラッチが入る。

このときの車軸側の回転速度は、検出円盤が1回転で8パルス出るようになっているのだから、検出円盤の回転は1秒間に44.625回転(357÷8)、1分間にすると、44.625 × 60 = 2677.5(rpm)ということになる。歯数比128：70で増速しているのだから、元の回転速度は、1464(2677.5×70/128)rpmということになる。エンジン側回転速度1600rpmに対し、1464rpmだから、比率0.915(1464÷1600)で検出している。ここでは、実際の数で解説したので、仮に1600rpmとして説明したが、エンジン側の回転速度に関わりなく、0.915の比率で、直結クラッチが動作する。

速度比0.915、車軸側回転速度1464rpm、車輪径860㎜で計算すると、78㎞/hとなる。実際には線路の勾配などの条件に応じて操作しており、60～70㎞/hぐらいで、直結操作している。

直結動作

駅を出発するとき、運転台で「変速」を選択して変速運転で発車する。エンジン側の回転が速く、車軸側は遅い。車両が加速して、車軸側の回転が上がると速度比は、0から0.1、0.2と上がってくる。

仮に、エンジン回転1600rpm、車軸側1400rpmとする。1400 ÷ 1600 = 0.875で、速度比0.915に達していない。

ここで直結操作をすると、エンジンは自動的にアイドリングになる。エンジン回転が低下して、1530rpm以下になると、1400 ÷ 1530 = 0.915 となって、速度比0.915の条件が成立する。ここで、直結電磁弁が作動して、直結クラッチに油圧が加えられ、クラッチ板がつながる。機械の動作遅れがある間に、エンジン回転がさらに低下して、ちょうど1400rpmあたりで、クラッチがつながる。エンジン回転と車軸と同じ回転速度になって、クラッチがつながるときの衝撃がない、というわけ。

次に、エンジン回転1600rpm、車軸側1500rpmの場合。1500 ÷ 1600 = 0.9375で、速度比0.915を超えている。

ここで直結操作により、上記と同様の動作をさせると、元のエンジン回転速度が相対的に低いので、同じ回転速度になる領域に入らない。仮にエンジン回転速度が低下して1500rpmになると、速度比は1500 ÷ 1500 = 1になって、0.9375より上がってしまい、0.915にならない。そこで、一旦、エンジンを2ノッチにする。これは、運転台のノッチ位置に関わりなく、自動で作動する。変速クラッチが「切」(中立)になっているので、エンジンに負荷がかからず、回転速度が上がる。仮にエンジン回転1750rpmまで上がるとすると、1500 ÷ 1750 = 0.857となって、速度比0.915以下になる。

一旦、回転速度が上がった後、再度、エンジンをアイドリングにする。エンジン回転が低下して、1639rpm以下になると、1500 ÷ 1639 = 0.915となって、速度比0.915の条件が成立する。ここで、直結電磁弁が作動して、上記と同様に、機械の動作遅れがある間に、エンジン回転が低下して、ちょうど1500rpmあたりで、クラッチがつながる。つまり、常に、エンジン回転の方が高い状態から、回転を下げつつ、速度比0.915になったときに直結動作をするようになっている。

コンピュータを使って、これだけのことをやっているかというと、コンピュータは使っていない。2章解説のDW4系や3章解説のDW2Aと同様、リレーといって、電磁石でスイッチを入・切する部品を多数使って、これだけのことを巧妙にこなしている。

パルスを計数して制御することこそ「デジタル制御」の基本であって、コンピュータを使うことだけがデジタルではない。

方向転換の方法は

4-2図(188ページ)の右半分が逆転機になっている。正転、逆転の2個の湿式多板クラッチと、5個の歯車で構成されている。図の右下に描かれている軸は「正転軸」といって、この軸は左側の歯車で駆動される。右側の歯車はどの歯車とも噛み合っていないように描かれているが、この歯車は、図の右上の「出力歯車」と噛み合っている。

右側の3個の歯車の配列を車軸側から見た図を**4-4図**に示す。∧型に配列されていて、出力歯車と逆転歯車、出力歯車と正転歯車中間2とが噛み合っている。逆転歯車と正転歯車中間2は接近して配置されているが、噛み合っていない。

出力歯車の歯数は43、逆転歯車と正転歯車中間2の歯数は両方とも42で、正転、逆転とも同じ比率でわずかに減速する。5個の歯車がそれぞれ所定の位置で噛み合っていて、DW4のように、歯車が移動して噛み合う歯車が変わるということはない。

内部のクラッチは左が正転クラッチ、右が逆転クラッチで、油圧で作動する。

正転クラッチを「入」にすると、左側の正転歯車→正転歯車中間1→正転軸→正転歯車中間2→出力歯車の順に動力が伝達される。噛み合い個所が2ヶ所あるので、出力軸はエンジンと同一方向に回転する。正転歯車と正転歯車中間1は同じ歯数(45)である。

逆転クラッチを「入」にすると、右側の逆転歯車→出力歯車の順に動力が伝達される。こちらは噛み合い個所が1ヶ所になるの

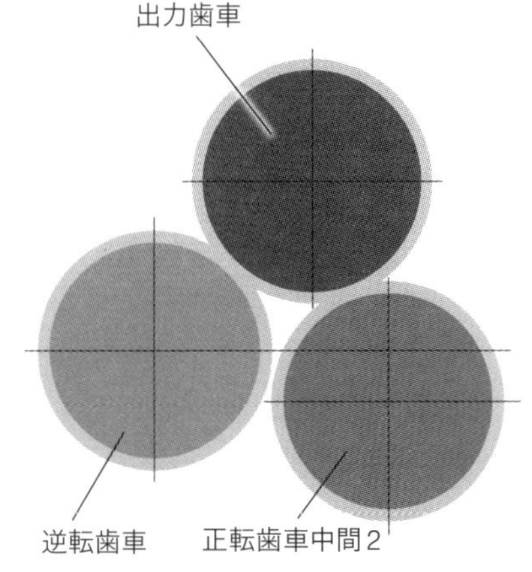

4-4図

4章 堅実車キハ40系

で、出力軸はエンジンとは逆方向に回転する。

4-2図では省略しているが、正転軸の軸端には「可逆ポンプ」といって、どちらに回転しても油を送り出すことができるポンプを備えている。図でわかる通り、正転軸は歯車を介して車軸につながっている。このポンプで出力軸、正転軸の軸受を潤滑しているので、回送車となって、エンジン停止の無動力で動かされても、軸受が焼損することはない。

このポンプは、変速、直結クラッチがどちらも「切」の中立位置では回転しないので、エンジン側の回転検出軸にも別のポンプが備えてあって、各クラッチの作動や各部の潤滑を行なっている。

逆転機クラッチ部の外周に前項で解説した車軸側の回転速度を検出する歯車が付いている。車両の進行方向によって、回転方向が変わるが、検出器は回転方向に関わりなくパルスを発生することができるので、逆回転しても変速機の制御に支障をきたすことはない。

津山線のキハ47
一部にクリーム色と朱色、旧急行車風の塗装を施した車両がある。
(2021年撮影)

伝説の機関車DD54

伯備線新見機関区で休むDD5432。
（新見1972年）

参考文献『ディーゼル』誌・1966年8月号の表紙をDD54が華々しく飾る。DE10、キハ90、91が新製されるのと同じ頃であった。

機関車の推進軸が折れて脱線転覆・その原因は？

3章1で、ディーゼル機関車の推進軸や減速機などの駆動系にかかる「力」を試算した。これらの駆動系の破損が車両の脱線・転覆につながった事例がある。

走行中に車体床下の推進軸が破損、脱落して、約70tの機関車がこれに乗り上げて脱線、転覆した事故があった。

この事故を起こしたのがDD54型というディーゼル機関車で、大阪、京都と鳥取、米子間の山陰本線、福知山線で運転されていた。運転された地区が限られていたのと、1978年には全機使われなくなってしまったので、見たことがある、という人も少なくなり、「伝説」となっている。

HPや書籍で、この車両のことを記述したものを見かけるが、その多くが、「機関出力に対して推進軸が強度不足だった」と記載している。

発生から既に50年以上が経過しており、事故の状況を伝える記録、その後の調査の記録が鉄道の歴史を調べる研究者の間に共有されていないのであろう。これまで、機械に詳しい技術者が正しい解説を書いていないために、間違った認識が広まっているように思われる。

なお、『鉄道重大事故の歴史』(久保田博、グランプリ出版)には、この脱線・転覆についての記述がない。本章の事例は、車両故障、不具合であって、事故ではない、ということなのかもしれない。

故障・脱線・転覆の記録

この事例について、詳しく記録を残しているのが、『ディーゼル』(交友社)という月刊誌だろう。

技術上の解説の前に、事実を客観的に記録するために、故障の状況、概要を記事から引用する。

（以下原文のまま）

推進軸はずれ列車脱線

1 日時 昭和43年6月28日3時39分 曇

2 場所 山陰本線 湖山駅

3 列車701 現車12両 換算44.0両

4 故障機関車 DD542（福知山機関区）

5 概況 本列車、鳥取駅定発、時速約75km/hでだ行運転中、場内信号機と遠方信号機の中間付近で制限ブレーキ（0.6kg/cm²）減圧した。その後最遠転てつ器上で横動が激しくなり非常ブレーキ手配をとり約141m進行して停止した。取調べたところ機関車は脱線横転、つづく荷物車2両、客車2軸全軸脱線、6両目客車前2軸が脱線していたのでただちに関係箇所に通報して復旧に努め1番線は23時13分、2番線は翌日（29日）3時58分それぞれ線路開通した。

（『ディーゼル』（1968.10.））

「昭和」も遠くなってしまったので、注記を加えておくと、昭和43年というのは、1968年のこと。時刻は24時間制で記載しているので、3時というのは、午前3時。

列車701というのは、大阪発大社行き寝台急行列車。換算44.0両と書かれているのは、客車の重量で440tということ。「客車2軸全軸脱線」と記載されているのは、「客車2両全軸脱線」の誤りではないかと思われる。

今でこそ、全国各路線に特急列車が次々発着しているが、当時は急行列車が主流で、長距離の移動には夜行列車も多く、寝台車には、10系客車という車両が使われていた。ブルートレインと呼ばれる寝台特急だけが寝台列車ではない。

記事には、続いて、「検修歴、原因、対策」が記述されているが、原因と対策については、別の記事に詳細記述があるので略す。検修歴のみ、記載する。

検修歴

新製　昭和41年6月24日 三菱 152,665.4km

中検（B） 昭和43年6月1日 鷹取工場 7,965.4km

仕業　昭和43年6月27日 福知山機関区 146.0km

（『ディーゼル』（1968.10.））

『ディーゼル』誌には、発生状況の略図が掲載されており、列車の先頭の郵便荷物車2両と3両目の一等寝台(現A寝台)車、4両目の一等座席車(現グリーン車)も脱線、折り重なるように線路に対して横向きになって停まった。続く二等寝台(現B寝台)車も脱線した状況が描かれている。

『ディーゼル』(1969.2.)には、詳細調査報告が掲載されている。これも、上記速報と重複しない部分を引用する。

(以下原文のまま)

機関車横転地点より約2km手前から、線路上およびその両側に推進軸十字継手部品の破損品が、点点と発見され、特に、横転地点より約1km手前地点に、液体変速機下部出力軸周囲の体破片と、十字継手部品が集中的に落下していたこと、およびその地点から線路に打こんなどの損傷がはじまり、横転地点から約140mの21号転てつ器に至る間に、途中点点と犬クギ、レール継目板ボルトの破損や、踏切舗装板の損傷が発見され、最後に21号転てつ器てっ叉部護輪軌条に激しい打こんが発見されたこと、また、21号転てつ器から約115mの地点、すなわち横転した機関車位置から約25m手前の地点で、脱落し弓なりに曲った推進軸と前端十字軸が埋った状態で発見された。

(『ディーゼル』(1969.2.))

と、詳細調査の記録が残されている。

この機関車はV型16気筒、定格出力1820PSの大型機関1台(注1)とトルクコ

(注1) このエンジンはドイツのマイバッハ社で製造されていたものを国内で生産しており、機関型式MD870(国鉄型式DMP86Z)、シリンダ径185mm、行程200mm、60°V型16気筒、総排気量86.02リットル、定格出力1820PS。1968年湖山駅の故障は、2端のエンジン側を前にして運行中に1端側の推進軸が折れた。騒音、振動が多いエンジンで、エンジン騒音にかき消されて、後方で発生したトラブルに気づかなかったものと思われる。機関型式MD650という12気筒もあったようで、MTU社に引き継がれて、12V538、16V538(538は1シリンダの排気量5.38リットル)として、船舶用途にも使われている。なお、ドイツのエンジン製造社の所在地を「フリードリヒ**スハー**フェン」と記載するHPや書籍が多い。ドイツ南部、スイスとの国境にボーデン湖(ジー)という琵琶湖ほどの湖があって、その畔の都市。Friedrichshafenと記載し、カナ表記するならフリードリッヒ**シャー**フェンが近い。ドイツ在住の方の発音をきいていると、フリードリッヒシャー**エン**ときこえる。

ンバータ変速機1台(容量1660PS)の組合せで車軸4軸を駆動する。内部機器の配置概念を**5-1図**に示す。両端4軸が駆動軸で、中央の車輪は軸重を低減するためであって、駆動しない。

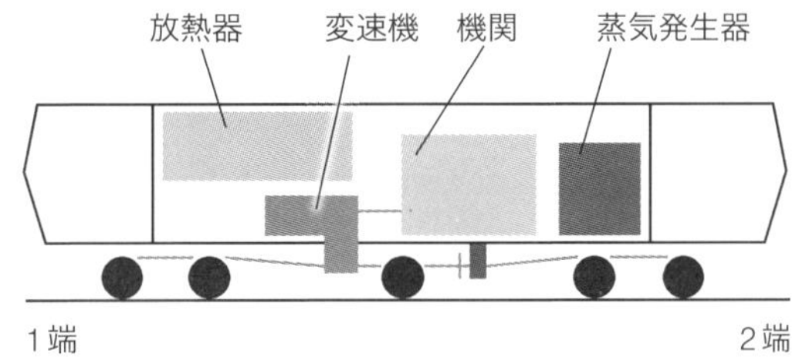

5-1図

車体外観上、大きなギャラリ(通風用ルーバ)の並んでいる側が1端(第1エンド)といって、こちらから放熱器、変速機、機関、蒸気発生器(ボイラ)の順に配列されている。蒸気発生器側を2端(第2エンド)という。蒸気発生器というのは、当時、客車の暖房は蒸気で行なっていたので、軽油焚きのボイラを備えていた。

故障は、蒸気発生器のある2端側を前にして走行中に1端側、後ろ側の推進軸が破損した。

記録によれば、約2km手前から部品の破片(約160点あった)が点々と発見された、ということから、どこに何が落ちていたか、をたどれば、破損して脱落した順序がわかるわけで、最初に後ろ側、台車の側の十字軸継手が壊れ、その後、変速機側の十字軸継手が壊れて軸が落下したことがわかった。脱落した推進軸は進行方向に対し、後部の軸なので、車両後部が持ち上がって、横転した、という状況と思われる。

このような故障の場合、破損の原因として、設計上の問題だけでなく、製造時の材料欠陥であるとか、製造過程の問題(部品の工作精度、焼き入れ、焼き戻しの工程など)、整備の際の給油量が不足していた、整備の際のボルト類の締め付け不良(締め付け力不足、締めすぎ、緩み止め施工不良など)といったことが一般的には考えられる。設計上の強度不足だけが原因ではない。

推進軸の例(新津鉄道資料館)

「推進軸」というのは、エンジン・変速機の動力を車軸(車軸を駆動する減速機)に伝える軸で、写真に例を示す。車軸側(台車)は線路の曲線部で左右に首を振るし、線路の継目や分岐器通過の際に上下するので、動力を伝達しながら、これらの動きを許容しなければならない。このために、軸の両端に「十字軸継手」が装備されている。写真の左に写っているのが十字軸継手で、コの字の金具を向かい合わせて、この間を十の形の金具でつないでいる。十字金具の4方の軸部はベアリングが入っていて、自在に軽く動くようになっている。写真右方で軸が細くなっている部分は、スプラインといって、動力を伝達しながら、軸が伸縮できるようになっている。

翌年、同じ山陰本線で、推進軸に関わる故障が2件続いている。これも、故障の状況、概要を記事から引用する。

推進軸折損し、1件は列車脱線を惹起

(その1)

1 日時 昭和44年11月18日 1時12分 晴

2 場所 山陰本線 浜坂～久谷間

3 列車702(だいせん4号) 現車13両 換算44.0両

4 故障機関車 DD5411(福知山機関区)

5 概況 本列車、浜坂駅定発し速度60㎞/h、力行運転中に機関士が機関車の床下付近で異音発生したのを感知し、急停止手配をとり停止した。調べたところ中間台車上の推進軸が折損垂下し、燃料タンクが破損していたため、前途運転不能と認め救援を要請した。このため浜坂駅から後続の888列車のけん引機関車(DD5413号)を救援として702列車の客車を浜坂駅に収容した。一方、豊岡駅から別の救援機関車を運転し、故障した機関車を浜坂駅に収容し6時41分に開通した。702列車は機関車を交換して浜坂駅を5時間34分延発した。

6 検修歴

新製 昭和44年5月20日 三菱重工 51,224.4㎞

交検 昭和44年11月11日 福知山機関区 2,179.4㎞

仕検 昭和44年11月17日 米子機関区 251.9㎞

これに続けて、2件目の故障記事があって、これも下記の通り、引用する。

（その2）

1 日時 昭和44年11月18日 10時12分 曇

2 場所 山陰本線 赤碕～中山口間

3 列車701（だいせん3号） 現車13両 換算45.0両

4 故障機関車 DD5414（福知山機関区）

5 概況 本列車、赤碕駅を5時間24分延発し速度60km/hの力行運転で進行中に機関士が異常動揺を感知したため、急停止手配をとり停止した。調べたところ、機関車の前から4軸目動輪が進行右側に脱線、推進軸が折損垂下し一部は落失、燃料タンクが破損して、流失した燃料油が引火していたため、消火器により消火したが、前途の運転不能のため救援を要請した。13時10分に復線し14時30分に開通した。701列車の乗客はバスで代行輸送した。

6 検修歴

新製 昭和44年6月19日 三菱 45,015.9km

交検 昭和44年11月4日 福知山機関区 3,313.4km

仕検 昭和44年11月17日 福知山機関区 594.7km

（『ディーゼル』（1970.3.））

同じ日に2回、同種の故障が起きており、重大な事態だ、という認識になったことであろう。

該当機の製造日と故障時の走行距離を下記の通り、再掲する。

DD542 製造1966年6月24日 走行距離 152,665.4km

DD5411 製造1969年5月20日 走行距離 51,224.4km

DD5414 製造1969年6月19日 走行距離 45,015.9km

故障の状況と製造からの経過、走行距離から、68年の故障と69年の故障とは少しばかり様相が異なっている。68年の1件は、製造から2年、約15万kmを走行しているのに対し、69年の2件は製造から半年、約5万kmの走行でしかない。

折れた推進軸も、68年の件は1端側、69年の件は2端側であって、折損箇

DD5432
新見機関区(岡山県)にて撮影(1972年撮影)。写っているのが1端で側面に[1]の表記がある。窓下に[米]の札が入っている。米子(よなご・鳥取県)機関区所属。この32号機は最後まで稼動していた車両。

所が異なっている。

エンジンの出力に対し、推進軸の強度が足りなかったと記載した書籍、HPもみかけるが、これは単純な強度不足が原因ではない。壊れたのだから、強度不足、設計不良とするのは早計というもので、前記記載の通り、推定される原因は、材料の欠陥、組立不良など、設計以外の要因はいくらでもある。

とくに、68年の1件は、製造から2年、約15万㎞走行している実績、同時期に製造された他の車両が問題なく運行している実績を考慮するならば、通常は「設計不良」とはみなされないであろう。

エンジン出力過大で推進軸が折れたのではない・回転力(トルク)を計算してみる

3章1で解説したように、車両の駆動系にもっとも大きな力が作用するのは、起動時である。単純に推進軸の強度不足ならば、牽引定数一杯の貨物列車が駅を出発するときに壊れなければならない。

また、このとき、推進軸にかかる回転力(トルク)は軸重と車輪とレールの間の摩擦係数で決まり、機関出力にはもはや依存しない。

5-2図は、DD54の1台車2軸分の推進軸にかかるトルクを試算したもので、右下がりの折線が、エンジンの動力特性から計算したトルクを示している(『ディーゼル』(1966.1.)に掲載された図を元に筆者作成)。

速度23km/hより左は車輪とレールの間の摩擦で決まる空転の限界で、これより大きなトルクを車輪にかけても空転してしまうことを示している。速度0km/hでは静止摩擦が働き、動き出すと、動摩擦に移るので、物理的には、急に摩擦係数が低下する。摩擦係数は、速度に比例して低下する数式が規定されているので、これに従っている。動力は前後の台車に均等に分配されるものとしている。起動時のトルクは約800kg -m(約7800N-m)で、当然のことながら、推進軸はこれに充分耐えるようにつくられている。摩擦係数は0.3で計算しているが、条件によっては、上がることもあるので、これも考慮する必要がある。

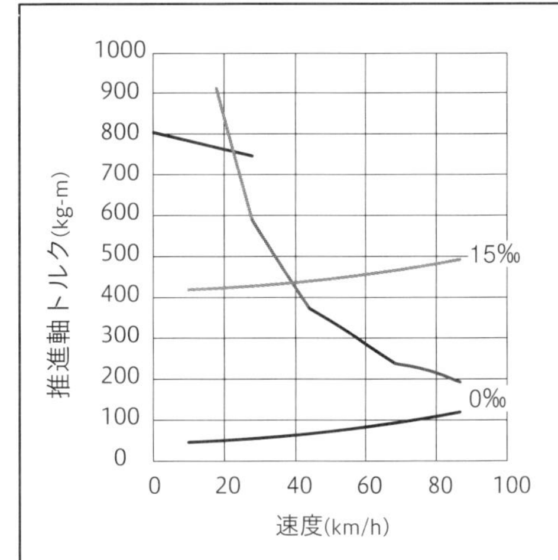

5-2図

23km/hより右は、エンジンの動力が伝達されることによる曲線で、双曲線(速度に反比例する)に近い線を描く。折れ線になっているのは、歯車の切換えをしているため。エンジンの動力はラジエータファンなどの補機動力に喰われるのと、歯車やコンバータでの損失があって、駆動力としては1300PS(960kW)前後となる。

下の方に2本引いた右上がりの線は、450tの客車を牽引したときの走行抵抗から計算した推進軸にかかるトルクを示している。客車450tと機関車70tを合計して計算している。下の線は平坦線で、上の線は15‰の勾配抵抗を加算したもの。平坦線で一定の速度で運行する限り、エンジン全出力を必要としない。

15‰の登り坂では38km/hでエンジン出力線と交差するので、この点で均衡する。このとき、推進軸にかかるトルクは約430kg -m(約4200N-m)であり、起動時の1/2程度であることがわかる。

この図よりわかる通り、起動時に機関最大出力をかけようとすると容易に空転してしまい、大きな回転力がかからない。加速するときや急勾配を登るようなときには、機関最大出力が威力を発揮するが、推進軸がそれなりの速度で回転しているため、推進軸には大きな回転力がかからない。これは、本書記述の通り、順を追って計算していけば、求められる。

浜坂、久谷間は15‰ほどの登り勾配(『鉄道車窓絵図』(今尾恵介、JTBパブリッシング)の図による)である。記事によれば、60km/hで走行中、ということになっている。理論上は、勾配手前で助走をつけていれば、徐々に速度は低下するものの、60km/hで力行運転ということは可能である。このときの推進軸トルクは約280kg-m(約2700N-m)となり、起動時の半分以下ということになる。

赤碕駅付近はほぼ平坦区間であり、記事によれば、「速度60km/hの力行運転」とのことなので、機関全出力だったとしても、トルクは約280kg-m(約2700N-m)で、推進軸には大きな回転力がかかっていなかったと推定される。

つまり、単純に動力だけを考えるならば、推進軸が機関出力に耐えられなかったのではない。このことは理論に基づいて、計算していけば、導き出されることである。動力特性さえ手に入れば、高校の物理の知識の範囲で計算できる。

だから、当時の国鉄も車両製造会社も「強度設計にミスがあった」とは認めていないはずである。「推進軸の強度アップの改造をしたのだから設計ミスを認めた」ということにはならない。他車での再発を予防するために改造することは、ごく普通に実施される。車両故障で動けなくなって、レンタカーで代わりの車を借りるとかロードサービスが来てくれる自動車とは世界が異なる。

折損対策として、推進軸の強度を増したために、変速機が壊れるようになった、と記述した解説もみかけるが、「推進軸が壊れることによって、変速機を保護する」ような機械はない。そんな危なかしい設計をするならば、それこそ「設計不良」である。

推進軸折損の対策

5-1図(199ページ)に示すように、変速機は出力軸部が車体の床面から下に突き出していて、前後の台車に向かって動力を伝達する推進軸が延びている。変速機は1端寄りに搭載されているので、1端側の推進軸は1本で済んでいるが、2端側は、2つに分かれていて、中間の1ヶ所に軸受を設けて支えている。

69年の2件とも、この中間軸受と変速機の間で折れており、近傍にディスクブレーキのディスクが設けられている。ディスクより変速機側で折れていた。ディスクブレーキというのは、「手ブレーキ」ということになっている。車両留置時の転動防止に使うことを想定して装備したものと思われる。

『ディーゼル』誌に「国鉄DD54形の故障対策決まる」という速報記事が掲載されている。以下、対策について引用する。

> ブレーキディスクが重すぎて推進軸にロードがかかりすぎ、軸の回転を不円滑にし、折損の原因となったものとみられるので、このブレーキディスク部の改造が行なわれることになった。
>
> したがって、この改造はまず第2推進軸のブレーキディスクを小さくして、その重量を70キロから10キロに、その厚さも80㎜から6㎜にうすくし、一方中間軸管の厚さを9㎜から11㎜に厚くして丈夫なものにするほか、ブレーキテコ装置の一部、また推進軸の両端にある落下防止の保護材を中央部に2箇所増設することなどを行なうことになった。
>
> (『ディーゼル』(1970.1.))

「落下防止の保護材」というのは、推進軸が折れたときに受け止めるようにする部材で、添付写真に例を示す。軸受のようなもので支えているわけではなく、軸と保護材の間は数センチのすきまがある。正式名称ではなく業界だけの俗称であるが、これを「越中(えっちゅう)褌(フンドシ)」と称した。

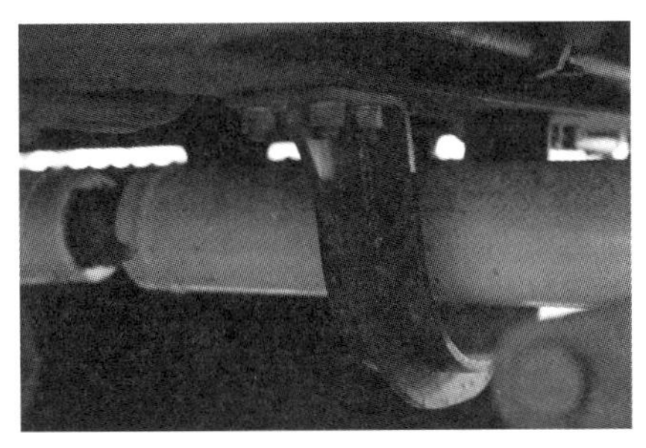

落下防止の保護材の例
DD14の床下に装備されている。
(新津鉄道資料館)

これは、折れても落下しない、というだけで、破損しないようにする対策ではない。記事の記述を読む限りでは、「当初より推進軸の両側に設置してあったが、(推進軸破損によって、この保護材も破壊してしまったので)増設した」と解釈できる。推進軸の一端が壊れて暴れはじめたら、こんな保護材など吹っ飛んでしまう。大きな声ではいわないが、「ないよりマシ」と思っている設計者は多い。

『ディーゼル』誌には、この速報記事と前後して、詳細調査、実車測定の結果が掲載されている。1969年12月にDD545を用いて、鷹取(たかとり)工場内で推進軸にかかる力を測定した、という記事がある。また、1970年2月には、寝台急行列車(DD546/DD549)2往復の実運行時に各種計測を行ない、同時にビデオカメラを設置して推進軸を撮影、観察を行なっている。今ならビデオカメラも再生機も家庭にある時代であるが、1970年当時、まだビデオカメラは一般的ではない時代。大型で、録画時間も短かったであろう。それだけの物量を投入して何が何でも原因追及と確実な対策を実施しなければならない、という緊迫感がうかがえる。

ドイツのエンジンだけが精密なのか

DD54型ディーゼル機関車にはドイツで設計されたエンジンと変速機が使われた。このエンジンは「精密だった」と記述する書面をときどき見かける。なにが精密だったのか、筆者にはかなり「？？？」な記述である。

機械設計の経験者なら、「精密」という言語からたいてい次の3つぐらいを思いうかべる。

① 寸法誤差の許容範囲が小さい
② 表面が滑らか(ツルピカ)に仕上げされている
③ 同じ軸芯になるべき軸の中心が揃っている、円筒や球の外径が正しく真円になっている、平面にウネリがない

いずれも、図面表記では、許容寸法差・表面粗さ記号・幾何公差として表現される。

エンジン部品の中には、ペーパーで磨いて鏡のように仕上げる部品もあるし、寸法誤差をミクロン単位にすることもある。1章で解説のように、クランク軸の軸部は、高周波焼入れを施して硬くし、ツルピカにして、しかもミクロン単位の寸法に仕上げる。何ヶ所かある軸部の軸の中心が揃っている。上記①～③の条件を全部満たす。このようなことを「精密」というのなら、何もドイツ製品に限らず、世界中、どこのエンジン屋も同じレベルの製品に仕上げている。ドイツ製品がことさらに「精密な仕上げをしていた」といえるのだろうか、と疑問に思う。

いずれにしても、これらの外観上の微妙な差は、②以外は現物を見ただけでわかるものではない。それこそ「精密」な計測を実施し、図面に書いてある数値と比較をしてはじめてわかることである。

本書ここまで解説の通り、クランク軸、ピストン、連接棒、どの部品も精密に仕上げられている。回転部品はバランス調整し、往復部品、回転部品は重量調整を施す。ドイツのエンジンだけがことさらに精密なわけではなく、

どこのエンジンも精密に仕上げてあって、所定の性能を出している。

ドイツのエンジンだけがことさらに精密だった、というからには、ドイツ製品と日本製品の部品図面を見て比較をした、ということなのだろうか、と思うのだが、そう簡単に部品の図面を見ることができるものではない。

仮に、図面を見ることができた、としても、そこに書かれている通りの仕上げができているとは限らない。現物を精密に計測して、図面の通りにできているのか照合しなければ、図面はただ「絵に描いたモチ」でしかない。

『図面で読む国鉄型車両』(イカロス出版)という書籍に、DML61Zの組立断面図が掲載されていて、組立図は公表されているが、クランク軸の単品図面までは公表されていない。組立図だけで、クランク軸の単品部品を製作することはできないし、組立図だけで「製品の製作精度」までは判断できない。部品を製作するには、最低限、単品の製作図面が必要となる。製作図面を読み解くには、機械と図面の専門知識を必要とする。

想像するに、「ドイツの設計だからきっと精密にちがいない」という単なる思い込みで「精密」といっているように思えるのだがどうだろうか。

このエンジンは吸排気のバルブが6個あり、また、3章2で解説したバルブスキマの自動調整機構を組み込んでいる。このような機構を採用しているから精密、ということにはならない。巧妙なつくりであることは組立図を見るとわかる。精密な仕上げを施しているのと、巧妙なのとは意味が違う。巧妙な機構は往々にして複雑になる。複雑になると故障の頻度が上がるし、修理の際の工数も増す。合理的、単純にして巧妙な機構が最も好まれる。

初期故障(ケチのつき始め)

ディーゼル機関車も気動車も初期製作の際には、思いもよらない不具合が付いてまわる。これらの対策を講じていくことで、故障が減っていく。「熟成」とでもいうのだろうか。

DD54も初期の段階からトラブルが発生している。

『ディーゼル』誌(交友社)には、DD54だけでなく各ディーゼル機関車と気動車の故障と対策、対応の記録が残されている。

DD54の新製は、

DD541　1966年6月20日
DD542　1966年6月24日
DD543　1966年6月27日

3両が福知山機関区(京都府)に配属となり、7月27日から福知山−大阪(福知山線経由)の2往復、福知山−京都(山陰本線)1往復の旅客列車の牽引をすることになった。

製造工場で完成してから約1ヶ月、乗務員の取扱い習熟、運転習熟、試運転を経て、営業列車に充当されることになった。

実稼動から12日目、8月7日、2号機にトラブルが発生する。京都1往復の列車の帰路、嵯峨駅で運転不能となった。新製から約4100km走行であった。原因は変速機の油圧制御機器のネジ栓が緩んで脱落したことによる。現場で原因がわからず、救援を要請することになった。

この20日後、8月27日には、またも2号機でトラブルが発生する。大阪2往復の列車の往路、谷川駅で救援を要請することになった。新製から約7800kmの走行であった。運転中に機関室の点検を実施したところ、ラジエータファンを駆動する油圧ポンプを回すプーリが脱落しているのが発見された。プーリを固定するナットの緩み止めザガネ(折曲げザガネという)が破損してナットが緩み、プーリが脱落した。

この2件の故障いずれもエンジン、変速機の重大なトラブルではない。が、2号機については、この後、エンジンの連接棒が折れる、という重大な故障(1969.7.23)も起こしている。どうも最初から「ケチがついている」という印象をうける。極めつけが、前項の「推進軸脱落、脱線・転覆」である。

エンジンから水が漏れる

推進軸脱落、脱線の前に、3両ともエンジンに重大な不具合が発生している。脱線、転覆という事態になっていないため、一般には知られていないが、『ディーゼル』誌には、記述がある。

『ディーゼル』の1968年9月、12月号の2回に分けて、「DD54形機関車のクランクケース防食対策について(1)(2)」という記事が残されている。以下、『ディーゼル』誌の記述の関係箇所を引用する。

腐食による異常発生と調査経過

昭和43年3月24日、DD542が仕業中、シリンダフタ取付部より水もれを発見、宮原機関区到着時に調査の結果、No.3,10,15シリンダフタ取付部よりの水もれを確認、福知山機関区においてシリンダフタを取りはずし検査したところ、クランクケースよりシリンダフタへの冷却水通路孔のゴムパッキンの老化によるものと推定した。このため各ゴムパッキンを取り替え、機関始動を行なったが水もれは止まらず、再度分解のうえシリンダフタの水圧試験を行なったが、これも異常が認められなかった。

次に、クランクケースの水圧試験を行なった結果、No.3,9,16のシリンダフタ取付ボルト孔より水の噴出を認め、クランクケースボルト孔からのもれがその原因と判明した。

(『ディーゼル』(1968.12.))

「シリンダフタ」というのは、本書でシリンダヘッドと書いている部品で、シリンダの上部、動弁機構や予燃焼室を組み込んで、シリンダのフタになる部分のこと。シリンダヘッドは太い頑丈なボルト数本でクランクケースにガッチリと固定される。冷却水は、クランクケースからシリンダヘッドに流れる。この間には水漏れを防ぐためのパッキンが入っている。水漏れを起こしたときは、まず、このパッキンを疑う。

シリンダヘッドは内部の水通路が外から見えないだけに、水漏れを疑う箇所である。通常、工場で水圧試験を実施するが、記事の記述は、再度試験を実施した、ということ。このあたりは、1章1の「シリンダヘッド」の項を参照していただきたい。

クランクケースのボルト孔からの水漏れ、ということがわかり、応急処置を実施して、実稼動に復帰させ、2–3箇月後、工場(兵庫県鷹取(たかとり)工場と思われる)でエンジンを総分解して詳細調査を実施した。この結果についても、『ディーゼル』誌の同じ記事に記録がある。

工場入場時の状態

各機号別の工場入場時経過月数および走行キロは、第2表に示すとおりである。

第2表　工場入場時の経過月数と走行キロ

機号	入場年月日	経過月数	走行キロ
DD541	42. 5. 6	10.5	62060
DD542	42. 6. 2	11.6	75600
DD543	42. 6.26	12.0	79667

工場入場時、機関解体を行なったところ、各機関車ともクランクケースおよびシリンダライナーに広範囲なスポンジ状化した異常腐食が認められた。

(1) クランクケース

腐食の状況は、写真1～4に示すとおりで、特に、写真3にはボルト孔に貫通した小孔が見られる。

(2) シリンダライナー

シリンダライナーは、外面クロウムメッキが施されており、クランクケースの腐食ほどに広範囲でないが、そのほとんどに、局部的な深いピッチングの発生が見られ、特にライナーはめ込つば部に発生しているものが多かった。

(『ディーゼル』(1968.12.))

写真は略す。写真にはDD542 No.10シリンダ他が写っている。「スポンジ状化」という記述があるが、外観を見ただけで内部がスポンジ状になっている、ということがわかるわけがないので、小さな凹みが多数できている状態で、典型的なキャビテーションの孔食と思われる。

文面だけでは、理解しにくいと思われるので、**5-3図**に断面略図を示す。説明のための概念図であり、実際の寸法、形状を描いているわけではない。描画の都合で、直立した図を描いているが、V型機関なので、実際には30°傾いている。シリンダライナの周囲を流れてシリンダを冷却した水は水通路を通って、シリンダヘッドに入る。この接続部に水漏れを防止するパッキンがはさんである。上記記事の異常腐食は図中□で囲った注記の部分。クラン

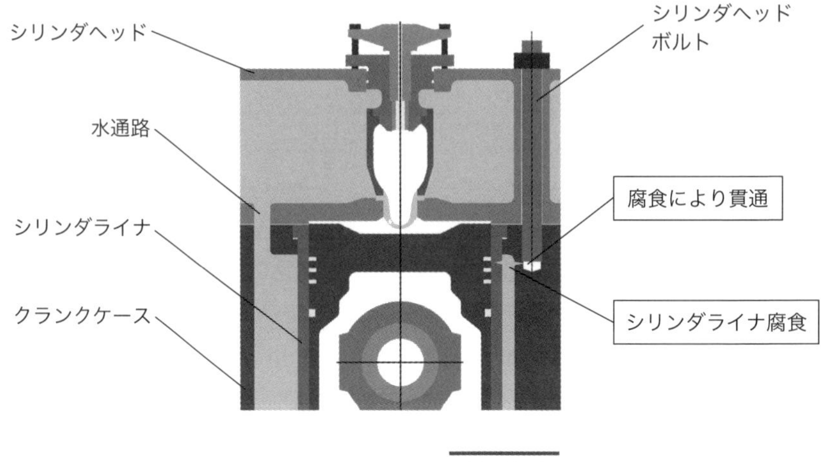

5-3図

クケースの上面にはドリルで孔をあけ、ここにメネジが加工されている。このネジに頑丈なボルトがネジ込んである。これがシリンダヘッドボルトで、丸棒にネジ加工して作られている。クランクケースの水室から腐食が起こり、ネジ孔の底まで微細な孔があいて、水が漏れた、ということ。このエンジンのクランクケースは、溶けた鉄を型に流し込んでつくる方法ではなく、板や棒材を溶接してつくられていた。鋼材に孔をあけてしまうほど「キャビテーション」という現象は恐ろしい。ネジはいくら強く締め込んでも、ネジ山の裏面にはスキマがある。このスキマを通って、水は容赦なく外へ漏れてくる。シリンダライナもクロムメッキという防御を突破して腐食が進行していた。

エンジンを全分解するに近い作業になって、手間はかかるし、日数もかかるが、シリンダライナは新品に交換する、ということができる。ところが、クランクケースは深刻である。結局、次のように対応した。

クランクケースの処置

シリンダライナーについては、腐食の発生していないものはそのまま再用し、腐食のあるものは新品と取り替えたが、クランクケースについては、予期しなかったため事前の準備もなく、新製する場合にも長期間を要するため、DD541に対しては、DD91に使用した輸入機関のクランクケースを流用した。

また、DD542については、DD91に使用した国産機関のクランクケースを再用し、DD543には、入場前にケースの準備を行ない、新品を使用した。

(『ディーゼル』(1968.12.))

DD91というのは、DD54を製作する前に、国鉄にお貸ししたお試しの「試供品」である。この「お試し品」には、ドイツから輸入したエンジンが使われていた。この記事を読む限り、日本製のコピーエンジンをつくって、「お試し品」の機関車のエンジンを載せ替えして試用していた、ということがうかがえる。国鉄と製造各社の技術力向上と国鉄への「売り込み」のために、車両製造各社が「お試し機関車」をつくって、貸していた時代があった。

いずれにしても、クランクケースの取替えとなると、クランク軸を外さなければならず、完全分解となる。エンジンの取替えと同じことになる。

再発防止の対策として、水に溶け込んだ酸素が腐食の原因と考え、冷却水回路を変更して空気と触れるのを減らすようにするのと、冷却水に混ぜる防食剤を変更した。変更した理由は詳しい説明が手持ちの資料にない。アルミメッキのシリンダライナを一部に組み込んだ。これは、対策ではなく、調査の一環として試用したことになっている。残念ながら、これらの対策の結果がどうだったのか、については手持ちの資料では記述を発見できなかった。防食剤というのは、自動車の冷却水にも入れる、「クーラント」と称する赤や緑の薬剤のこと。自動車用は、冬季駐車中に凍結しないようにするのと、錆び防止の効果がある。機関車用も同様。薬剤によって、効果が異なる。

いずれにしても、1章1で記述の通り、シリンダライナのキャビテーション、キャビテーションによる孔あきは、エンジン屋がもっとも恐れる現象である。

前項の推進軸のように、3台つくって、1台だけ発生した問題ならば、その1台に固有の問題があったのか、整備の際の不備があったのか、ということになって、設計上の問題となることは少ない。ところが、全数発生し、しかもほぼ同時に発生した、ということになると、「製造上だけでなく、設計上の問題もあるのでは」という疑いをもたれるのが、工学上の一般的な見方になる。エンジンが「精密」ということと、このキャビテーションとは、必ずしも関連はない。

6章 蒸気機関車の物理と化学

信楽線の短い貨物列車を牽くC58。短い支線にも貨物列車があった。
(信楽線1973年)

参宮線伊勢行き各駅停車・観光用ではない「汽車」があった。
(参宮線1973年)

蒸気機関車のスーパーチャージャ

本書「はじめに」で記述の通り、田舎の古老が「きしゃ」というのは、ローカル線をコトコト走る車両のことで、必ずしも黒い煙をモクモクと吐き出して走る蒸気機関車のことではない。が、最後に、この蒸気機関車について、今まで多くの解説書で書かれてこなかったことを解説する。

1975年12月、北海道の貨物列車を最後に、旧国鉄の運行路線から蒸気機関車の牽引する列車がなくなった。以後、山口線や磐越西線他で蒸気機関車が復活運転されているが、これらは、「観光」が主目的であって、通勤、通学、物資輸送を主目的に運転されているわけではない。

メカニカルチャージャ：過熱蒸気

「蒸気機関」というのは、遠い昔のもの、なのか、というと、筆者の年代(今から約40年前卒業)でも、大学の工学部機械学科の講義は「熱力学」というのが必修科目になっていて、「蒸気」の性質を学び、「熱機関」という「蒸気機関」の講義もあった。鉄道上では蒸気機関車というのは、過去のものとなってしまったが、火力発電所や原子力発電所は、「蒸気機関」として実稼動している。これらの発電機は、鉄道の蒸気機関車のようにピストン・シリンダ機構で回転しているのではない。蒸気タービンといって、羽根車に蒸気を当てて、発電機の軸を回している。

一方、燃料を燃やした熱から「蒸気」をつくる機構は「ボイラ」といって、規模や形態が異なるが、原理、機構そのものは、蒸気機関車も発電所も類似である。

蒸気機関車の車輪の上に載っている大きな円筒がボイラで、石炭を燃やした熱で水を蒸気にする。蒸気機関車のボイラは煙管ボイラという型式で、内部に配置したたくさんの管の中を石炭が燃えて高温となった燃焼ガスが通って、周囲を囲む水を加熱する(6-1図)。

これに対して、発電所のボイラはたいてい水管ボイラといって、管の中が

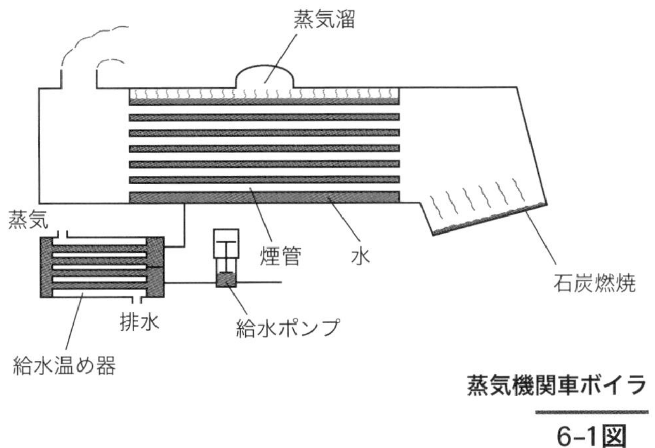

蒸気機関車ボイラ

6-1図

水で、周囲が燃焼ガスになっている。水管はタテに並べてあって、見上げるような大きな設備になっている(6-2図)。

原理としては、どちらも「熱交換器」であって、エンジンに付属するラジエータと同類の機構となる。

一方、発電所だけでなく、工場の熱源や暖房の熱源として蒸気が多く使われており、こういった工場や施設では、ボイラが大活躍である。当然のことながら、国内には何社もボイラ製造工場が存在し、新規に工場、設備用のボイラが次々と製造されている。

「熱力学」では、蒸気の温度、圧力、エネルギの関係を表にした「蒸気表」というものを使って計算する。気温や体温といった温度の表示は、通常、摂氏(せっし)何度、という単位を使う。これは、水(液体)が氷(固体)になるときの温度を0℃とし、水が大気圧で沸騰する(気体となる)ときの温度を100℃としている(厳密には条件はもっと細かい)。水は、

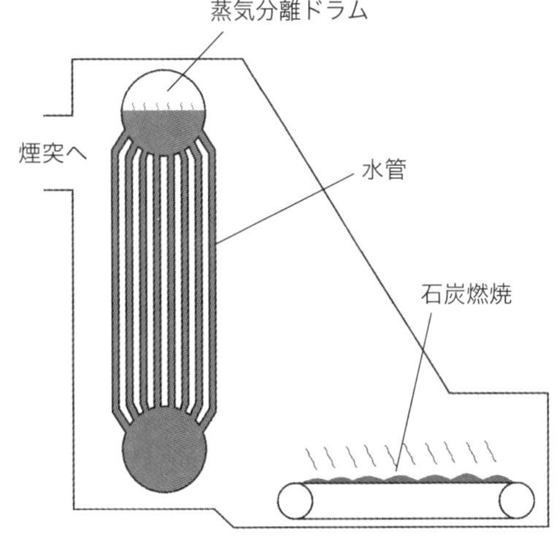

水管ボイラの例

6-2図

よほどの砂漠とかでない限り、比較的容易に手に入れることができて、割と容易に固体、液体、気体に状態が変化し、誰が操作しても同じように状態変化する。

また、状態変化に伴う化学的な変化がない。化学的に安定、といういいかたをするが、温度や圧力の変化で別のモノになることがない。計測精度を問わなければ、理科の実験でおなじみのアルコール温度計のような簡易なもので温度を測定できる。

筆者の時代は、蒸気のエネルギは「カロリー」という単位で表現されていたので、何となく概念が掴み易かったのだが、現在は「ジュール」という単位を使うようになって、掴みどころがなくなった感じがする。

蒸気表では、「飽和蒸気」の状態を基準としている。飽和蒸気というのは、気体の水蒸気と液体の水との境目の状態で、ちょっとでも温度が下がると一部が水に戻ってしまう状態の蒸気。ヤカンの湯が沸くと、口から白く湯気を吹く。白く見えているのは、蒸気ではなく、冷やされて細かい水滴になった状態で、温度が下がって水に戻ってしまっている。

お山へ行って湯を沸かすと100℃以下で沸騰する。富士山の頂上(3776m)では87℃ぐらいで沸騰する。これは高度とともに気圧が下がるから。水が100℃で沸騰するのは大気圧が1013hPaでの話。

逆に圧力を上げていくと、100℃になっても沸騰しない。蒸気機関車D51のボイラ圧は14kg/cm^2、C57のボイラ圧は16kg/cm^2ということになっている。このときの温度を蒸気表から読み取ると、それぞれ199℃、205℃となる。この約200℃の温度に達してようやく蒸発する。ボイラの中は、約200℃の高温水(液体)が詰まっている。

公園に長期間保存されていた蒸気機関車を復活する際に、ボイラの厳しい検査を受けなければならない。内部にこれだけの高温の水が詰まっているので、もし、これが、大気に放出されると、一気に沸騰、蒸発し体積が増える(要するに、「爆発する」から)。

この温度と圧力の関係は水の物理的性質なので、蒸気機関車のボイラであろうと火力発電所の大型のボイラであろうと同じ。

蒸気機関車は運転席の加減弁ハンドル(自動車のアクセルに相当する)を引くとボイラ上部の蒸気溜のバルブが開く。ボイラの中の蒸気は飽和蒸気といって、少しでも温度が下がると蒸気の一部が水に戻ってしまう。シリンダまで到達するまでに水に戻ってしまってはピストンを押す力が弱くなってしまう。そこで、ボイラの蒸気溜から出た蒸気は石炭の燃焼ガスで再加熱してからシリンダに送る。圧力はそのままで、温度だけが上がる。これを過熱蒸気といい、少しぐらい温度が下がっても水に戻ることがない。

この配管を過熱管、スーパーヒータという。本来の動力源の一部を使ってブーストアップする、という意味では、内燃機関のメカニカルチャージャに似ている。

駅を出発した蒸気機関車が左右のシリンダからシャッシャッと大きな音とともに蒸気(白く見えるので正しくは湯気)を吹き上げるのを見ることがある。最近の観光用の蒸気機関車では、写真撮影をする方に喜んでもらうことが目的になっている面があるが、本来の機能は「演出」ではない。「ドレン(排水のこと)を切る」といって長時間停止中に冷えたシリンダに触れて凝縮した水(蒸気が冷えた凝縮水)を排水している。

昔の蒸気機関車の運行区間は、ローカル線が多く、単線区間では対向列車待ちのため長時間停車があった。また、貨物列車に使われることが多く、旅客列車を優先するため、長時間停車があった。この間に、たいてい、シリンダが冷えてしまう。もっとも、最近の観光用の蒸気機関車は、途中の停車が多く、なかなかシリンダが温まらないのかもしれない。

ターボチャージャ：給水温め器

蒸気機関車D51の煙突の前に枕のように円筒型の装置が載っている。給水温め器と称する装置である。C57やC62の煙突の前には設置されていないが、給水温め器は前デッキに搭載されている。

これは、その名称通り、ボイラに入れる水(補給水)をあたためる装置で、これも熱交換器である。同じように、火力発電用のボイラとか工場などの業務用のボイラにも「エコノマイザ」という同種の装置を付けることがある。和文では「節炭器(せったん)」と記す。油やガスを燃料とするボイラでも「節炭器」と表記する。ボイラから排出される燃焼ガスの熱を利用して給水を予熱する。ボイラ本体から出て、まだ充分温度の高い燃焼ガスを利用して、給水の温度を少しでも上げておこうというのがエコノマイザ。

蒸気機関車の場合、蒸気圧力14～16kg/cm^{2}の飽和蒸気温度が約200℃だから、ボイラの保有水の温度も約200℃、煙突から吐き出される煙の温度は煙管を出たところでは、200℃以下になることはない。

排気ガスのエネルギを利用する、という意味では、内燃機関のターボチャージャに似ている。

熱の有効利用なのだが、実はこれがそう簡単ではない。エコノマイザは給水ポンプとボイラ本体の間に設置するので、ボイラの圧力がそのまま加わる。頑丈に作らないと破裂してしまう。もちろん、ボイラ本体と同様、厳しい検査を受けなければならない。ボイラ本体であらかたの熱を吸収しているので、燃焼ガスは大して熱をもっていない。わずかばかりの熱を利用するために相当な手間を必要とする。内燃機関のターボチャージャは排ガスの高温に耐える必要があるが、蒸気機関車の排気ガスエネルギの利用は圧力に耐えなければならない。

ならば、給水ポンプの入口側に付ければ、圧力がかからないから良いか、というと、給水ポンプの入口の水の温度が上がりすぎると給水ポンプで吸ったときに、(圧力が下がって、ポンプの入口側で)水が気化(蒸発)してしまい、水を吸ってくれなくなってしまう。圧力が下がると沸騰する温度が下がる、富士のお山の頂上で100℃以下で沸騰してしまうのと同じ現象が起こる。

C57給水ポンプ
タテ長、円筒形の装置
(新津鉄道資料館)

蒸気機関車の「給水温め器」は給水ポンプとボイラ本体の間に設置されており、石炭を燃やした燃焼ガスではなく、蒸気で温めている(**6-1図**参照)。

ボイラから発生する蒸気で予熱していては、本来、熱の有効利用にはならない。が……、ボイラに給水するときにはボイラ内の圧力以上に水圧を上げないと、水はボイラの中に入っていかない。このために、蒸気駆動の給水ポンプを備えている。給水ポンプを動かした蒸気がこの「給水温め器」に導かれて、給水を予熱する。他にも、ブレーキ用の空気圧縮機を駆動した蒸気も使用する。動輪を動かして圧力の下がった蒸気の殆どは煙突の下の吐出管から出ていくが、この蒸気の一部も「給水温め器」で給水を予熱するのに使われる。

給水ポンプは蒸気で動くピストンで水ポンプのピストンを動かして水圧を上げる。14～16kg/cm^{2}の圧力の蒸気でこれより水の圧力を上げるには、蒸気ピストンより水ポンプピストンの径を小さくすれば、蒸気圧より高い水圧が得られる。写真はC57型蒸気機関車の給水ポンプで、車体側面に装備されている。

蒸気の熱で給水を温めるから、蒸気は冷えて水になってしまう。この水は機関車の右前の排水管から出ていく。蒸気機関車の写真をよく見ると、機関車を見て左の前部でいつも蒸気(湯気)を吹いているのがわかる。

写真は紀勢本線の貨物列車を引くD51。煙突から白く蒸気が排出されている。向かって左側、シリンダの下から給水温め器の排気が出ている。

蒸気機関車が坂を登るような区間では、蒸気を使うからボイラの保有水が減っていく。かといって、坂の途中で給水すると、一時的に保有水の温度が下がって蒸気が出なくなってしまう。坂の手前で、保有水と蒸気圧を充分に保つのが「職人技」なのだそうだ。

紀勢本線D51貨物列車
(1973年撮影)

鉄のボイラが錆びないわけ

水蒸気が蒸発していった残りの水は？

小学校の理科の実験で「蒸留」というのがあった。フラスコに入れた水をアルコールランプで加熱して沸騰させ、出てきた蒸気を冷やして水にするという。加熱しておいてまた冷却するというのが、何とも無駄で、小学生には何のためにこんな無駄なことをするのか意味がわからなかった。

飲み水にするようなキレイな水、谷川を流れるような○○天然水でも、水は多種の不純物を含んでいる。カルシウムやマグネシウムの化合物やシリカ（ケイ素の化合物）が溶け込んでいることが多く、これが微妙な水の味になるのだとか。「蒸留」という操作によって、これらの不純物が除去された水が得られる。

電気ポットやヤカンの注ぎ口のところに、白い粉が固くこびり付いていることがある。これは、水に含まれていた不純物が固まったもので、「残留固形物」という。一旦蒸発した蒸気を水に戻した蒸留水を蒸発させたときは、こういった残留固形物は残らない。なぜなら、蒸留という操作で、除去されているから。

一方、フラスコに残った水はどうなるのか、というと、純度の高い蒸気として水が出ていくから、不純物は濃縮されていく。これと同じことが蒸気機関車でも起こっている。ボイラの中の水は蒸気として出ていき、水の中の不純物はどんどん濃縮されていく。カルシウムやシリカは溶けていられなくなり、残留固形物としてボイラ内部に付く。これらの不純物は熱を伝えにくいので、熱効率を低下させる。

工場、火力発電所や暖房用のボイラは「復水」「ドレン」といって、送り出した蒸気が液体の水となってボイラ室に戻り、タンクに貯められる。これを再度、ボイラに給水するので、「残留固形物」は濃縮しにくい。

新しく水を補充する際にも、「軟水器」といって、イオン交換樹脂を通して、水に溶け込んだカルシウム化合物やマグネシウム化合物を除去する（ナトリウム化合物に変換する）装置を通す。ナトリウム化合物は、ボイラ内部に付きにくく、濃縮する残留固形物は「かまどろ」といって泥状になって、排出しやすくなる。定期的に内部を洗浄してかまどろを排出する。

また、工場や暖房用のボイラでは「ブロー」といって、発生する蒸気に影響がなく、しかも、なるべく不純物の濃度の高いところからボイラ水の一部を捨てて、残留固形物を除去するようにしている。給水ポンプで給水すると同時にブロー弁を開いて排出する場合もある。

C57ブロー配管
（新津鉄道資料館）

ブロー操作は、蒸気として排出されるので高温で危険、ということから冷却して液体の水にして排水することもある。

蒸気機関車の場合も同様で、火室（石炭の燃える火格子の室）の前方からボイラ水の一部を常時捨てている。「連続ブロー（「連ブロ」と略される）」といって、蒸気機関車の場合は給水とは無関係に常時排出している。

写真はC57型蒸気機関車の運転室の斜め下に配置されたブロー配管で、ジョウゴのようなものが付いている。泥溜（どろだめ）といって、連続ブローの排水から固形分を分離するようになっている。ここから前に延びる配管が動輪の横を通って、ボイラにつながっている。蒸気機関車の場合は川や井戸の水をそのまま給水するし、蒸発した水はどんどん煙突から出ていくので、常に新しい水、大量の残留固形物を含んだ水をボイラに注入する。

定期点検で、煙管の燃焼ガス側の煤を煙突ブラシで掃除する話は整備の回顧録などで見ることがあるが、水室側もさぞかし大量のかまどろが出たことであろう。

ボイラは錆びないのか？

蒸気機関車のボイラは鉄でできている。工業用のボイラもたいてい鉄製である。鉄の容器に水を入れておけば、容器は錆びてしまう。雨ざらしの自転車は真っ赤に錆びていく。水を入れたボイラは錆びないのか、という疑問がわく。

蒸気機関車も工業用のボイラといえども、物理・化学の法則から逃がれることはできない。錆びるがままにしておくとボイラ水は錆びだらけになってしまうし、構造材が薄くなって圧力に耐えられなくなるおそれが出てくる（たいていの場合、接合部から蒸気が漏れ、圧力が上がらなくなる）。

「錆びる」というのは金属が酸素と化合して酸化物となること。

地球上の多くの金属は空気中の酸素と化合して錆びる。錆びない金属は「金」と「白金」ぐらいではないだろうか。最近、メガネフレームやゴルフクラブに好んで使われるチタンも錆びる。酸素と結びつき易い（＝錆び易い）、ということでは、チタンは筆頭にあげられる。チタンという金属が知られていても工業的に使われてこなかったのは、ガッチリ結合した酸素を切り離して塊（かたまり）にすることが容易ではなかったから。

チタンを削って加工する際には、削ったハナから酸化して温度が上がるので、冷えるのを待って作業しなければならないのだそうだ。チタンが「錆びない」といわれるのは、表面に酸化膜ができて、内部を守るから。「錆びない」といわれる多くの金属は表面に酸化膜ができて内部に酸化がすすんでいかない。ステンレスも表面にクロムの酸化膜ができて内部を守るから「錆びない」ということになっている。

鉄の赤錆びは、元の鉄との結びつきが弱く、内部を守る働きが弱い。だから、鉄の赤錆びはどんどん内部にすすんでいく。

雨ざらしの自転車が真っ赤に錆びるのは、ここで簡単に解説できるほど単純な反応ではない。複雑な反応を経るが、雨水がたくさんの空気（酸素）を含んでいて、これが鉄を酸化して赤錆びを生成する。

ボイラの場合は水に溶け込んだ酸素が錆びの原因となる。「給水温め器」の解説で、熱の有効利用と説明したが、実はボイラ本体に給水する前に予熱することは、溶存酸素を追い出して、錆び防止になっている。夏の車内に放置された炭酸飲料が噴き出すように、液体に溶け込んだ気体は、温度が上がると溶けていられなくなり、外部に放出される。

これに加えて、ボイラへの給水に、清缶剤といって薬剤を投入する。蒸気機関車にこういった薬剤を入れているのか、機関士さんや整備作業をした方の回顧録を読んでみても見かけることがない。一般の工場のボイラでは、通常、リン酸ナトリウム、水酸化ナトリウムなどのアルカリ剤を投入する。ボイラ水をだいたいpH9～11ぐらいの弱アルカリに保つと鉄の錆を防ぐことができるとされている。

ナトリウムを含むアルカリ剤は、「蒸留」によって濃縮する残留固形物を泥状(かまどろ)にして排出しやすくする効果もある。

工場、火力発電所や暖房用のボイラは、送り出した蒸気が水となってボイラ室に戻り、これを再度、ボイラに給水するので、水に溶け込んだ酸素は少ない。ただし、設備を循環するうちに設備側から錆びが流入するのと、注入する薬剤が濃縮するので、その対策が必要となる。

世間一般に「水商売」という言い方がある。世間では、あまり良い印象の言葉ではない。なんで「水商売」というのか。「泡沫(あぶく)のような商売だから」と思っている人が多いのではないだろうか。ボイラ屋さんからきいた耳学問なのだが、「水商売」というのは、「『水』を知らないと『商い』にならないから」なのだそうだ。ここでいう「水」というのは、その土地土地での風習とか習慣、世間の嗜好、といったものをいう。お客さんの嗜好という「水」を知らないと商売にならない。だから、「水商売」というのだと。日本全国、どこへ行っても、「水」は同じか、というと、お客さんの嗜好、風習や習慣というものは、その土地土地で異なる。同様に、ボイラの水も地域によって溶け込んでいる不純物が微妙に異なる。ボイラ屋さんも「私達は『水商売』なんですよ」という。水(水質)を知らないと、適切な薬剤を選ぶことができないのだそうだ。

設備のトラブル防止、鉄の錆び防止のために、水質調整は欠かせない。「水商売」というのは、実は、誰でも気軽に始められる商売ではない、ある意味とても高度な商いなのだ。

蒸気が出ない汽車・蒸気が出るエンジン

蒸気が出ない汽車

蒸気機関車の蒸気は、ピストンを押して動輪を動かす仕事をした後、最後には煙突の下にある吐出管から上方へ向かって吐き出される。これによって、煙を一緒に吸い出し、通風を助けて石炭の燃焼を良くする。このときにボッ、という音がする。ピストンの1行程毎に蒸気が排気されるからボッボッ、と、独特の音がする。蒸気機関車がタンクに持っている水は、こうして水蒸気、という形となって大気中に放散される。一方通行で水は消費されていくので、石炭よりも水の方が多く消費される。

山口線や磐越西線他各地で、蒸気機関車が復活運転されているが、冬の寒い時期に撮影された写真は煙突から出る白い煙が勇壮に見える。白く見えるのは、石炭が燃えた煙ではなく、ピストンを動かした蒸気が煙突から排出され、冷えて白い煙状になったもの。

電化工事中の中央本線薮原付近貨物列車
冬の蒸気機関車は白い煙が出る。
(1972.12撮影)

D51やC57型は炭水車、またはテンダといって、石炭と水を積む車を機関車本体の後部に連結している。D51の場合、石炭8トンに対し、水は20トン積むことができる。石炭をいっぱい積んでいるように見えるが実は水の方がずっと多い。はるか遠い昔、東海道本線を走った超特急つばめ号が東京-名古屋間を無給水で運転するために、水タンク車を連結したことは鉄道関係の本に書いてあったりする。

外国には水事情の悪い国もあり、水を大気に放出せず、再利用する機関車が存在した。

1967年8月の『鉄道ファン』(交友社)という雑誌に南アフリカの鉄道事情が紹介されており、ここに、水を回収する蒸気機関車の解説が掲載されている。

ピストンで動輪を押して仕事をした蒸気はまだ圧力が残っているので、蒸気タービンに導いてファンを駆動する。このファンは煙突の下に設置されており、煙を排出して石炭燃焼の通風を助ける。蒸気タービンを出た蒸気は太い排気管(圧力が下がって体積が増しているから太い管が必要)を通って、機関車後部に連結されたテンダに送られる。

テンダは整備重量約110トン。機関車本体と大きさも重量も同じぐらい。ここに「復水器(コンデンサ)」と呼ばれる機械が備えてある。自動車のラジエータのようなものを考えていただければよい。送られてきた蒸気を空気で冷やし、水に戻す機構である。復水器に空気を通すため、大きなファンが5基備えてあり、このファンは蒸気タービンで駆動されている。

テンダを含めた全長33m、整備重量234トン、4軸の動輪の上に載ったボイラは巨大で、日本のC62やD52のボイラと同等なのだが、恐ろしくテンダが長く、機関車本体が小さく見えてしまう。

「ボッボッボッ」という断続した排気音とともに煙突から煙を吐くのが蒸気機関車の見慣れた姿なのだが、この機関車はどんな音がしたのだろう。電気機関車の送風機と同じように「ブォーッ」という連続音とともに通過し、テンダが通過していくときにはもっと大きな送風機音がしたのであろうか。日本の蒸気機関車のように、冬場、白い煙を吐く、ということもないであろう。

蒸気を冷やして水に戻す装置を復水器、コンデンサという。コンデンス(condense)とは凝縮するという意味。蒸気を凝縮して水にするから凝縮器でコンデンサである。コンデンサとは電気部品の方が一般的であるが、こちらは凝縮するわけではない。電気部品のコンデンサを英語では、「キャパシタ」という。

火力発電所も復水器を設置してボイラ水を循環させている。日本の火力発電所は、燃料の石油や石炭、天然ガスを船で運んでくるので海沿いに設置されている。復水器の冷却には海水を使う。

蒸気が出るエンジン

エンジン(内燃機関)の冷却水から、いきなり蒸気を発生させる装置もある。遠い昔の小型で簡易な石油機関では、ホッパといわれる上向きのラッパのようなところ(エンジンシリンダの周囲につながっている)に水を入れて、この水が蒸発することで冷却する機械の図面を見た記憶がある。水を循環させるポンプもなければ、ラジエータもない。

水が蒸発して蒸気となるには、大量の熱を必要とするので、小型で簡易なエンジンでなく、大型のエンジンでも、蒸気として熱を奪うことができ、蒸気を発生させて冷却する装置が成立する。これを「沸騰冷却方式」、「エバリエント方式」といっている。

エンジン内部はシリンダライナの部分にゴムパッキンを使っているなど、あまり高圧に耐える構造になっていないのと、破裂の危険を避けるために圧力の高い蒸気を出すことはできない。

水温約120℃、蒸気圧力1kg/cm^2(大気圧を0とする:＝98kPa)程度の条件ならば、このような装置をつくることができる。家庭用の圧力鍋がだいたいこのぐらいになっている。エンジンの入口に120℃に耐えるポンプを設置し、これで水を押し込む。**6-3図**に示すように、この水はエンジンとの間を循環し

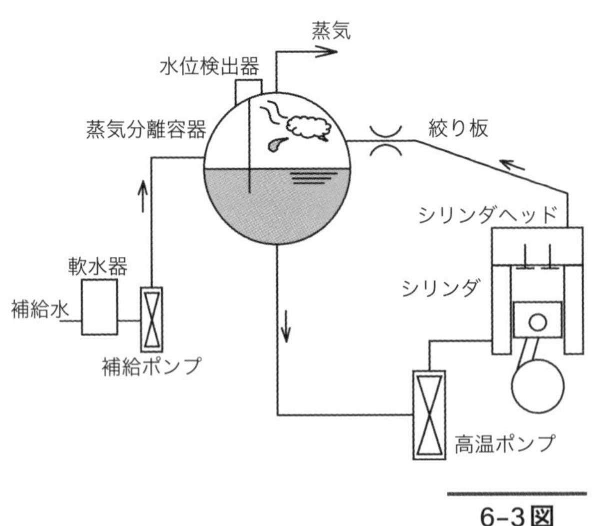

6-3図

て、全体として蒸気の圧力1kg/cm^{2}がかかるので、ポンプの入り口(吸い込み口)側で水が蒸発するようなことはない。

エンジン内部のシリンダ周囲、シリンダヘッドを回って、高温となった水が出てくる。ポンプで圧力を上げているので、120℃を超えても蒸発することはない。

エンジンの出口部には、蒸気を分離する容器を設置する。水管ボイラの蒸気分離ドラム(**6-2図**)のようなものである。水がこの容器に入る箇所には、絞り板を設置する。これで、エンジン内部は圧力が高く保たれ、絞り板を通過して容器内部に入ると、圧力が低下する。低下するといっても、圧力1kg/cm^{2}が保たれる。

圧力が低下すると、高温の水の一部が沸騰、気化して蒸気となる。蒸気として熱が奪われ、水の温度は120℃となる。蒸気が出ていった水は再び、ポンプでエンジン内に圧送されて循環する。

水は蒸気となって出ていくので、減っていく。蒸気分離容器に水位検出器を設けて、水位が下がると、補給ポンプを回して、外部から水を補充する。工業用のボイラと同様に、軟水器を通した水を補充し、アルカリ剤や脱酸剤を水に添加する。通常のエンジン冷却水に投入するクーラントは使わない。

蒸気機関車を淘汰した内燃機関でありながら、蒸気機関車の仲間のようで、何とも不思議な存在である。

あとがき——モノづくりの道

豪華列車の旅とか、秘境駅の紹介とか、鉄道に関わるTV番組が放送されたり、鉄道を題材にした映画が話題になったりする。書店へ行くと、鉄道関係の雑誌、書籍が一角を占めている。

1970年代、蒸気機関車終焉の頃、汽車の後を追って北海道、九州へと撮影に行く人達がいた。当時、汽車の追っかけをするのは、特異な人種とされていたように思うのだが、あれから40～50年が経って、鉄道旅行は若い世代にも、定年退職して悠々自適の生活をする世代にも人気がある。当時、鉄道は移動の手段でしかなかった。観光地を巡る旅は観光地が目的で移動の手段の鉄道はどうでもよかった。ところが、最近は「鉄道に乗る」ということが目的の旅も認められるようになってきた。

鉄道旅行と「鉄道趣味」は別、と思うのだが、「鉄道趣味」といわれることも一般の方に、多少は理解されるようになってきたのではないだろうか。

ただ、今も昔も、電車の運転席のすぐ後ろに立って、前を眺めて喜ぶ子がいることには変わりがない。鉄道の好きな子供が、電車の運転士や車掌、駅員に憧れるのは、ごく自然なことで、これらの職業人の業務が、子供達の目にふれるからにほかならない。こういった職業のための人材を養成する学校さえ存在する。

その一方で、「鉄道好き」のごく一部は「モノづくり」にすすむ。鉄道車両や設備の機構、電車や蒸気機関車の動くしくみに興味をもつ子供もいる。

自動車やオートバイのようにエンジンを積んで、自分で動力をつくり出して動く鉄道車両に魅力を感じて、そのエンジン、変速機をつくる工場で働くことをめざす少年がいてもおかしくない。筆者知人の大学鉄道研究会の会員の中には、電車のモータの音（「変調音」といえば、同調する「鉄道趣味人」は多いことだろう）に魅せられてモータ屋になった、という者さえいる。

「鉄道好き」のすすむ道として、誰もが、車掌、運転士、駅員を思い浮かべるが、このような「モノづくりの道」もある、ということを知っていただきたい。

一般家電機器や自家用車に取扱説明書が付いてくるように、鉄道車両のような業務用機器にも取扱説明書がある。一般家電や自家用車を自分で分解、整備、修理することは少ないと思われるが、業務用機器の多くは、使用者が整備する。鉄道車両のエンジン、変速機も車両工場で整備することを前提にしている。だから、取扱説明書には、分解、整備の手順まで書かれていることがある。自動車に整備工場向けの整備マニュアルが用意されているのと同様に、鉄道車両の機器にも整備マニュアルが用意されている。

運行中の車両の不調は、乗務員が対応しなければならない。乗務員は機械のシカケ、電気回路がわかっていないと、対応できない。

鉄道車両の取扱説明書には、機械の設計意図、整備の方法、故障時の対応方法が機械のシカケや動作原理などとともに記述されているものがある。動作原理を知っていれば、説明書に書いていないような思いがけない故障にも対処できるだろう、という期待が込められているものと思われる。乗務員、整備員にはそれだけの能力が求められている。

本書本文に書いたように、車両が故障して「レンタカーで代わりを用意できたり、ロードサービスが来てくれる」自家用車とは、全く世界が違う。

自家用車とはなはだしく異なるのは、「酷使される」ということ。DD54の項に書いている通り、納車から6ヶ月で約5万km走行する。今よりずっとのどかな1960年代でさえこれだけ使われていた。今の新幹線など、この比ではない。「業務用・営業用」というのは、こういうもので、朝夕通勤に使われるものの、昼間は職場の駐車場で休んでいる自家用車とは、使うレベルがまったく異なる。

取扱説明書原本を一般の方が入手することは難しいと思われるが、仮に入手できても、解読するには、専門知識を必要とする。エンジンや変速機、減速機などの図面を見たがる方も多いが、素人さんは当然としても、おそらく同じ技術者でも、畑違いの技術者では、図面だけですべてを理解することは難しいであろう。

「著作権」の都合で、取扱説明書原本、設計の経緯を記述した書籍を参考文献にできない。このため、本書には「仮定」の多い苦し紛れと思われるような解説もあるが、「設計者の発想、苦労」の一端だけでも理解いただけるのではないだろうか。なるべく、専門知識のない方にも理解できるように、平易に記述したつもりである。

はじめに、経歴に記載した通り、筆者は、ディーゼルエンジンなど内燃機関を利用した自家発電装置の設計に従事しながら、電子機器(真空管アンプ)の設計、製作を趣味としてきた。同じ「電気」の世界でありながら、発電機(強電)の世界と電子回路(弱電)の世界では、使われる用語さえ異なる。

電気に「グリッド」という用語がある。電子回路の世界では、真空管の電極のひとつのことをいう。発電の世界では、市中に張り巡らされた電力供給網を「グリッド」という。

同様に「鉄道趣味」の世界と「鉄道の現場」との間は、限りなく違いがある、と考えるべきであろう。

鉄道趣味の関係のHPや書籍を見ていると、誤りと思われる記述や解説を多く見かける。「趣味」の世界と「実業務」の世界の差異、といえるのかもしれない。

本書で解説した関連では、「キハ181系の屋根上の放熱器は冷却能力が不足していた」「DD54の推進軸は強度不足だった」ということは、鉄道趣味者の間では「通説」にさえなっている。自然科学という“計測や実験”で事実が明白になることでさえ、「誰かが言った」「活字になった」ことが、何の検証もされないまま、ホントのこと、として認識されてしまう。鉄道車両を個人で所有、運行することが難しい(というよりほぼ不可能)ので、容易に実験してみる、ということもできない。そのために、通説を信じるしかない、というのが実情だろう。

本書で解説の通り、キハ181系の屋根上の放熱器は床下放熱器と同等以上の能力があったと推測される。DD54の推進軸は最大トルクのかからない条件のもとで破損しており、単純に伝達トルクだけで判断するなら、強度上の問題はない。誤った通説は、誰かが正さなければ、永久に誤ったままとなってしまう。

「科学」の分野は、事実にもとづいて成立しなければならない。推論や仮説、思いつき、は思考の出発点として重要だし、本書も、「通説が間違っているのではないか」という仮説から出発している。これらの推論、仮説は、適切な計測や実験、わかっている事実から実証されなければならない。「きっと、こういうことだろう」だけでは誤りに陥(おちい)る可能性がある。ましてや、「きっとこういうことにちがいない」と思い込んではいけない。誤りは多数存在できるが、真実はひとつなのだ。

本書掲載の写真については、(以下、五十音順:敬称略)愛知製鋼(株)鍛造技術の館、大坪エンジニアリング(株)、津山まなびの鉄道館、新津鉄道資料館の協力、許諾をえている。快く協力、許諾いただき感謝の次第である。実物写真により、理解が深まるのではないだろうか。資料館については、実際に足を運んでいただき、実物を見ていただければ、その大きさも実感できるだろう。車両走行の画像は筆者がとりためたものを使っている。過去帳入りしてしまった画像が多い。

挿絵、馬の絵は関西の中学・高校美術科講師Eugene Oliva(ユージン・オリヴァ)氏の手によるもの。「馬力」というところから馬の絵を描くことにした。筆者の意図するところを独自の筆致で表現されている。

出版・編集の春日氏からは、著作権のこと、引用の方法、構成について助言をいただいた。構成上、説明が前後しているところがあり、何度も修正することになり、手を煩わすことになってしまった。

大学鉄道研究会OB会のメンバー、HPを通じて知り合いになった方からも助言をいただいた。

協力いただいた各位に感謝申し上げる。

本書記述の通り、「1960年代の末、月へ行く宇宙船でさえ、今のゲーム機程度のコンピュータしか載っていなかった」といわれる時代に、気動車、機関車用の全自動の変速機を完成させていた。その先人の独創性と発想、それを現実のモノにした努力、整備し、改良を加えてきた設計者、現場作業者の努力に敬意を表したい。本書で、その一端だけでも、理解していただけるのではないだろうか。

参考文献

『エンジンのロマン』(鈴木孝、プレジデント社、1990年)
『機械設計』(益子正巳、養賢堂、1979年)
『キハ40系ディーゼル動車』(北海道鉄道学園編、交友社、1980年)
『国鉄形車両 事故の謎とゆくえ』(池口英司・梅原淳、東京堂出版、2005年)
『国鉄気動車ガイドブック』(降旗道雄、誠文堂新光社、1976年)
『図解 自動車エンジンの技術』(畑村耕一・世良耕太、ナツメ社、2016年)
『蒸気機関車メカニズム図鑑』(細川武志、グランプリ出版、1998年)
『神鋼造機三十年史』(神鋼造機株式会社:大垣市立図書館所蔵)
『水力学　標準機械工学講座8』(池森亀鶴、コロナ社、1978年)
『図説 キハ40,47系気動車』(関西鉄道学園気動車研究会編、鉄道科学社、1978年)
『図面で読む国鉄型車両』(イカロス出版、2015)
『ディーゼル』(交友社:月刊誌)
『ディーゼル機関車(DD51形)』(藤田修ほか、交友社、1980年)
『新訂 DE10形ディーゼル機関車(量産形)』(四国鉄道学園編、交友社、1981年)
『ディーゼル機関設計法』(大道寺達、工学図書、1980年)
『ディーゼルとエンジン』(J.F.ムーン／伊佐喬三 訳、東京図書、1979年)
『ディーゼル燃焼とは何だろうか』(中北清己、丸善プラネット、2018年)
『鉄道車両ハンドブック』(久保田博、グランプリ出版、2002年)
『鉄道ジャーナル』(鉄道ジャーナル社:月刊誌)
『鉄道重大事故の歴史』(久保田博、グランプリ出版、2002年)
『鉄道ファン』(交友社:月刊誌)
『鉄道ピクトリアル』(電気車研究会:月刊誌)
『鉄道車窓絵図 西日本編』(今尾恵介、JTBパブリッシング、2010年)
『伝熱工学』(藤本武助・佐藤俊、共立出版、1979年)
『内燃機関』(山海堂:月刊誌)
『内燃機関講義 上巻』(長尾不二夫、養賢堂、1980年)
『内燃機関構造図集』(山海堂、1975年)
『新潟鐵工所七十年史』(新潟鐵工所社史編纂委員会編、新潟鐵工所:豊田市中央図書館所蔵)
『工学基礎 熱および熱機関』(泉亮太郎・寺田耕・山口誉起、共立出版、1979年)
『100万人の金属学 材料編』(三島良績編、アグネ、1976年)
『ボイラおよび蒸気原動機 機械工学講座19』(植田辰洋、共立出版、1979年)
『マン・マシンの昭和伝説』(前間孝則、講談社、1993年)

『よみがえるキハ80系・181系』（三品勝暉、学研プラス、2013年）
『流体機械 最新機械工学シリーズⅡ』（村上光清・部谷尚道、森北出版、1979年）
『時刻表』（交通公社：月刊誌）
『25000分の１地形図』（国土地理院）
『独和辞典』（木村謹治・相良守峯、博友社、1978年）

写真協力（以下、五十音順：敬称略）

愛知製鋼株式会社 鍛造技術の館
大坪エンジニアリング株式会社
津山まなびの鉄道館
新津鉄道資料館

挿絵

Eugene Oliva（ユージン・オリヴァ）

《著者紹介》

原 正（はら・ただし）

1959年名古屋生まれ。鉄道車両のディーゼル機関、流体変速機の製造工場に入社し、ディーゼルエンジンを含め各種機械の設計に従事。入社して数年後、鉄道車両のディーゼル機関、流体変速機からは撤退の方向となったため、車両用機械に直接関わることはなかったが、ガスエンジンやコージェネレイションのような内燃機関による自家発電設備の設計に従事した。このときにドイツMAN社、MTU(エムテーウー)社製のエンジン、USA製のエンジン、ガスタービンの周辺機器の設計も経験。また、エンジンだけでなく蒸気、発電機など、幅ひろく、電力や熱工学システムに関わることができ、直接噴射式機関の設計と性能計測にも関わる。小学生の頃からラジオなどの電子工作も行ない、電子回路については書籍や雑誌で学ぶ。「手作りアンプの会」会員。

電車（でんしゃ）だけが鉄道車両（てつどうしゃりょう）ではない

ディーゼル車（しゃ）のツブヤキ

発行日　2023年11月20日　初版第1刷

著　者　原 正
発行人　春日俊一
発行所　株式会社アルファベータブックス
〒102-0072 東京都千代田区飯田橋2-14-5 定谷ビル2階
Tel 03-3239-1850 Fax 03-3239-1851
website https://alphabetabooks.com
e-mail alpha-beta@ab-books.co.jp
印　刷　株式会社エーヴィスシステムズ
製　本　株式会社難波製本
用　紙　株式会社鵬紙業
ブックデザイン　ねこハウス

ISBN 978-4-86598-108-7　C0026

アルファベータブックスの鉄道本

東急電鉄池上線沿線アルバム

ISBN978-4-86598-899-4（23·09）

五反田〜蒲田10.9㎞を結ぶ15駅

生田 誠、矢崎 康雄 著

東急電鉄池上線の沿線の歴史が、本邦初出の写真や絵葉書、古地図でよみがえる!!　かつての池上線沿線の風景、過ぎ去った時間の名残を感じることができる貴重な写真集!!　五反田駅と蒲田駅を結ぶ東急池上線には、東京の私鉄らしからぬ独特の風情が漂っている。歴史をひもといてゆくと、この線は池上本門寺に参詣客を運ぶ路線で、当初の沿線には大きな街も見当たらなかった。現在も３両編成で走る池上線には、どこかローカルな雰囲気が漂う。本書では、沿線に息づいてきた街と建物、名所の姿を振り返る。　B5判並製　定価3520円（税込）

長野県・新潟県の鉄道

ISBN978-4-86598-898-7（23·08）

1960〜2000年代の思い出アルバム

篠原 力 写真　辻 良樹 解説

信濃・越後を駆け抜けた国鉄・私鉄の記録！　長野県と新潟県の代表的幹線鉄道、信越本線・中央本線（中央西線）・上越線、そして、それに接続する支線・私鉄線（篠ノ井線、大糸線、飯田線、上田交通、草軽電気鉄道〔新軽井沢〜三笠付近〕、長野電鉄、松本電気鉄道、新潟交通、蒲原鉄道、越後交通）などの鉄道写真集。本書ではこれらの鉄道車両の貴重な保存写真の中から厳選し、現役で活躍している車両は勿論、引退し消えた車両が元気に働いていた在りし日の姿を沿線風景と共に撮影し保存した写真をカラー写真を含めて掲載。B5判並製　定価3520円（税込）

つくばエクスプレス沿線アルバム

ISBN978-4-86598-897-0（23·07）

秋葉原〜つくば58.3㎞を結ぶ20駅

生田 誠、山田 亮 著

世界の電気街「秋葉原」から最先端ＩＴ都市つくばを直結する沿線の写真記録!!
2005年に開業し沿線各地を大変貌させたＴＸの全駅掲載（秋葉原、新御徒町、南千住、北千住、青井、六町、八潮、三郷中央、南流山、流山セントラルパーク、流山おおたかの森、柏の葉キャンパス、柏たなか、守谷、みらい平、みどりの、万博記念公園、研究学園、つくば）。沿線の古地図、空撮写真、郷土写真なども豊富に掲載。

B5判並製　定価3278円（税込）

阪急京都線、千里線、嵐山線沿線アルバム

ISBN978-4-86598-896-3（23·07）

昭和〜平成

生田 誠、山田 亮 著

JRと競うように狭隘な天王山を通り商都〜古都を結んで走る阪急京都線の写真集!!
阪急電鉄京都線の前身は新京阪鉄道という京阪電気鉄道の系列会社だった。京阪との合併、分離を経て京阪神急行電鉄から現在の阪急京都線に至った。
本書は京都線を走った懐かしい車両や沿線風景に加えて、千里ニュータウンと大阪メトロ堺筋線に乗り入れる千里線と、神社仏閣が沿線に並ぶ嵐山線も取り上げる!!

B5判並製　定価3278円（税込）

アルファベータブックスの鉄道本

相模鉄道
ISBN978-4-86598-895-6（23･05）

昭和～平成の記録

山田 亮 解説

丹沢の山並みを遠景に横浜西口から畑地が残る相模野へ向かう相模鉄道の写真集‼
現在の相模鉄道の前身は「神中鉄道」で、戦時下に現在のJR相模線（当時は相模鉄道）に吸収され、終戦直前に東京急行電鉄に委託するなどの試練を経て沿線の開発と設備の改良を進め、首都圏南西部の高速郊外鉄道網の一角を担うまでに成長した。
新横浜線の開業でさらなる躍進を遂げた相模鉄道の懐かしい車両や駅舎の写真が満載の写真集‼

B5判並製　定価3278円（税込）

京成電鉄、新京成電鉄、北総鉄道
ISBN978-4-86598-894-9（23･04）

五反田～蒲田10.9㎞を結ぶ15駅

山内 ひろき 解説

東京東部から成田、千葉方面へ路線を展開する京成電鉄と新京成電鉄、北総鉄道の写真集‼
成田山への参詣輸送に空港アクセス、地元住民にも愛される京成電鉄。鉄道連隊の演習線を整備してスタートした新京成電鉄も今や準大手私鉄。千葉県北西部に広がる千葉ニュータウンの足として敷設された北総鉄道。京成電鉄と京成グループの新京成電鉄、北総鉄道（千葉ニュータウン鉄道）の懐かしい写真が満載‼

B5判並製　定価3278円（税込）

食堂車は復活できるのか？
ISBN978-4-86598-098-1（23･04）

堀内 重人 著

かつて昭和の時代であれば、鉄道旅行の「食」と言えば食堂車であった‼　しかし今や、わが国ではほとんどの食堂車は廃止され、食堂車はクルーズトレインを除けば、「サフィール踊り子」、「TOHOKU EMOTION」、西武鉄道の「52席の至福」程度しか存在しない……。
本書では食堂車の変遷とその推移を述べるとともに、食堂車を活性化させる試みや復活させるべき列車や領域、そして今後の食堂車のあるべきサービスについても提言する‼

四六判並製　定価2750円（税込）

山陰本線
ISBN978-4-86598-893-2（23･03）

1960～2000年代の思い出アルバム

辻 良樹 解説

京都･兵庫･鳥取･島根･山口を駆け抜ける日本最長路線の記録！
京都駅と本州の西端･下関市の幡生駅を結ぶ、674キロの日本最長路線。余部橋梁をはじめ日本海の絶景を望む沿線には温泉や名所･旧跡も多数。現在は京都近郊区間が発展、伯備線･智頭急行経由で山陰に向かう列車も充実。山陰本線駆け抜けた伝統の名列車「出雲」「だいせん」「丹後」など続々登場‼

B5判並製　定価3278円（税込）